高 等 职 业 教 育
大数据与人工智能专业群系列教材

U0194576

数据标注技术

主　编 ✿ 俞永飞

副主编 ✿ 丁俊美　盛　楠　周沐玲　张自强　胡礼远

中国水利水电出版社
www.waterpub.com.cn
·北京·

内 容 提 要

本书是人工智能技术应用专业核心课程教材之一,采用课程思政＋基础概念＋项目案例编写模式,通过对人工智能和数据标注的概念、方法、工具、案例的系统介绍,结合文本、语音、图形图像、视频 4 个方面的数据标注项目(每个项目以不同的案例加以分析和操作),使初学者快速学习和掌握数据标注的基础知识及工具软件的使用方法。

本书可作为高职院校人工智能及相关专业的教材,也可作为应用型本科院校人工智能及相关专业的参考教材和企事业单位人工智能应用型专业人才的培训教材,还可供人工智能、机器学习、大数据技术等的爱好者阅读。

本书提供教案和电子课件,读者可从中国水利水电出版社网站(www.waterpub.com.cn)或万水书苑网站(www.wsbookshow.com)免费下载。

图书在版编目（ＣＩＰ）数据

数据标注技术 / 俞永飞主编. -- 北京 : 中国水利
水电出版社, 2022.8（2025.1 重印）
高等职业教育大数据与人工智能专业群系列教材
ISBN 978-7-5226-0884-6

Ⅰ. ①数… Ⅱ. ①俞… Ⅲ. ①数据处理－高等职业教
育－教材 Ⅳ. ①TP274

中国版本图书馆CIP数据核字(2022)第137251号

策划编辑：石永峰　　　责任编辑：张玉玲　　　封面设计：梁　燕

书　　名	高等职业教育大数据与人工智能专业群系列教材 数据标注技术 SHUJU BIAOZHU JISHU
作　　者	主　编　俞永飞 副主编　丁俊美　盛　楠　周沭玲　张自强　胡礼远
出版发行	中国水利水电出版社 （北京市海淀区玉渊潭南路 1 号 D 座　100038） 网址：www.waterpub.com.cn E-mail：mchannel@263.net（答疑） 　　　　sales@mwr.gov.cn 电话：（010）68545888（营销中心）、82562819（组稿）
经　　售	北京科水图书销售有限公司 电话：（010）68545874、63202643 全国各地新华书店和相关出版物销售网点
排　　版	北京万水电子信息有限公司
印　　刷	三河市德贤弘印务有限公司
规　　格	184mm×260mm　16 开本　12.75 印张　295 千字
版　　次	2022 年 8 月第 1 版　2025 年 1 月第 3 次印刷
印　　数	3001—4000 册
定　　价	49.00 元

前　言

　　历经半个多世纪，人工智能经历由诞生向高级阶段的进阶过程，在很多领域得到应用，正在深刻地改变着人们的生产、生活和学习方式，推动人类社会由电子信息时代向人工智能时代变革。随着 2016 年谷歌 AlphaGo 战胜人类围棋顶尖选手，以及深度学习在图像识别、自然语言处理、计算机视觉、智慧语音、智能商业、自动驾驶、智慧医疗等领域取得突破性成绩，人工智能多种专项技术的工程化、实用化的黄金时代已经到来，人工智能产业迎来了蓬勃发展的朝阳时代。

　　数据标注是人工智能的基础，也是人工智能技术应用的保证。数据标注就是将大量的、原始的、杂乱的数据经过加工处理得到"干净"的数据，为人工智能提供精确的数据源。当下人工智能行业对标注数据质量的要求越来越高，数据标注行业正在向精细化时代迈进。人工智能要想实现，就需要把人类的理解和判断能力教给计算机，让计算机拥有人类的识别能力。机器学习需要投喂海量的数据，这些数据就来源于数据标注行业。以自动驾驶为例，在汽车自动驾驶的过程中，汽车本身需要具备规划、感知、预警、决策、控制等多项"技能"，这些技能可以统称为"人工智能"。所谓的智能只是一个结果，想要让汽车本身的算法做到处理更多、更复杂的场景，背后就需要有海量的真实道路数据作支撑。这些海量的数据就需要依靠数据标注。

　　自 2016 年开始，教材编写团队先后承接了北京世纪云图数据有限公司、安徽数据堂股份有限公司、科大讯飞股份有限公司等多家公司多个数据标注项目。在教材编写过程中得到了中国科学技术大学张燕咏教授及北京世纪云图数据有限公司、安徽数据堂股份有限公司、科大讯飞股份有限公司等的多位技术工程师的大力支持。本书由长期从事教学与行业实践一线工作的俞永飞副教授任主编，丁俊美、盛楠、周沐玲、张自强、胡礼远任副主编，科大讯飞股份有限公司技术工程师协同参与内容编写。在本书编写过程中，编者参考、借鉴了一些专著、教材、论文、报告和网络上的成果、素材、结论或图文，在此向原创作者表示衷心感谢。

　　本书融入课程思政元素，与数据标注的理论、方法、案例有机融合，使初学者在正确思想指导下快速掌握数据标注的基础知识、概念与方法。全书分为两篇：基础篇和项目篇。基础篇分为两章，主要介绍人工智能的基本概念和发展历程，数据标注的概念、主流技术与分类。项目篇分 4 个项目，分别介绍文本数据标注、语音数据标注、图形图像数据标注、视频数据标注的实训。

　　由于时间仓促，加之编者水平有限，书中考虑不全面、描写不准确之处在所难免，恳请专家、读者、老师和社会各界朋友批评指正，编者联系邮箱：346991025@qq.com

编　者
2022 年 5 月

目　录

 基础篇

第1章
人工智能概述

本章导读

　　1950 年，著名的图灵测试诞生，"人工智能之父"艾伦·麦席森·图灵（Alan Mathison Turing）给出人工智能的定义：如果一台机器能够与人类展开对话（通过电传设备）而不能被辨别出其机器身份，那么称这台机器具有智能。人工智能是计算机科学的一个分支，它与空间技术、能源技术被称为 20 世纪 70 年代世界三大尖端技术；与基因工程、纳米科学被称为 21 世纪三大尖端技术。科学家通过对机器人、语言识别、图像识别、自然语言处理、专家系统、机器学习、深度学习等相关领域的科学研究，尝试生产出一种与人类智能相似甚至超越人类智能的机器。人工智能是研究人类智能活动的规律，构造具有一定智能的人工系统来模拟人类某些智能行为的基本理论、方法和技术。

思政目标

★ 培育学生求真务实、实践创新、精益求精的精神。
★ 培养学生踏实严谨、吃苦耐劳、追求卓越等优秀品质。

教学目标

★ 掌握人工智能的基本概念。
★ 熟悉人工智能的发展和应用。

思维导图

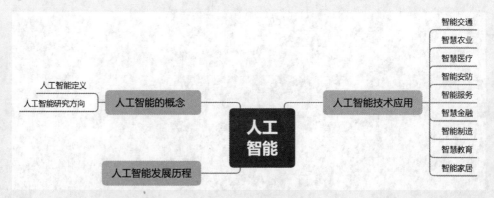

1.1 人工智能的概念

1.1.1 什么是人工智能

人工智能（Artificial Intelligence，AI）是计算机科学的一个分支，该分支是数学、哲学、认知科学、语言学、信息论、控制论、医学、生物学、神经学、仿生学等多个学科相互融合发展的综合性学科，也是自然科学和社会科学中多个学科交叉的学科。人工智能领域研究智能机器人、图像识别、专家系统、自动程序设计、自动推理、信息检索、自然语言处理、机器学习、深度学习、人工神经网络等。

1950 年，著名的图灵测试诞生，"人工智能之父"艾伦·麦席森·图灵（Alan Mathison Turing，如图 1-1-1 所示）给出人工智能的定义：如果一台机器能够与人类展开对话（通过电传设备）而不能被辨别出其机器身份，那么称这台机器具有智能。人工智能是研究人类智能活动的规律，构造具有一定智能的人工系统来模拟人类某些行为的基本理论、方法和技术。

图 1-1-1 艾伦·麦席森·图灵

1.1.2 人工智能的研究方向

人工智能是研究人类智能活动的规律，构造具有一定智能的人工系统来模拟人类某些智能行为的基本理论、方法和技术，目前主要研究方向有语音识别、机器视觉、自然语言处理、机器人学等。

1. 语音识别和自然语言处理

语音识别（Voice Recognition）是让机器通过识别和理解过程将语音信号转变为文字符号或者命令的智能技术，通俗地说就是让机器识别和理解说话者语音信号的内容，即使机器能够听懂人类的语言，并根据说话者所说的内容作出相应的回应。语音识别技术主要包括特征提取技术、模式匹配准则和模型训练技术三个方面，如图 1-1-2 所示。语音识别综合了计算机科学、语言学、逻辑与心理学、信号处理等学科，目前在车联网、餐饮服务、智能家居等领域都有广泛应用。

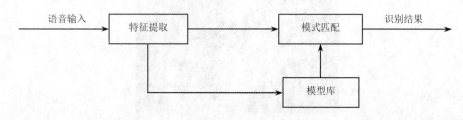

图 1-1-2 语音识别的实现

自然语言处理（Natural Language Processing，NLP）是指用人与计算机对自然语言进行有效通信的各种理论和方法实现人机交流，是人工智能、计算机科学和语言学共同关注的重要课题。自然语言处理是计算机科学、语言学、数学相融合的综合性科学。自然语言处理的具体表现形式包括机器翻译、文本摘要、文本分类、文本校对、信息抽取、语音合成、语音识别等。可以说自然语言处理就是要计算机理解自然语言。自然语言处理机制涉及两个流程：自然语言理解和自然语言生成。

2. 3D 点云

点云数据（Point Cloud Data）是指空间扫描信息以点的形式记录，每个点包含三维坐标，有些点还包含了颜色或者发射强度信息。大多数的点云是由 3D 扫描设备获取的，如立体摄像机、激光雷达等。点云主要有两个发展方向：一是解决点云领域的自身需求，如配准、拟合；二是解决计算机视觉领域的需求，如检测、识别、跟踪等。

3. 机器视觉

机器视觉（Machine Vision）主要是研究如何识别物体，未来机器人不仅需要具备识别物体能力，而且根据现有知识库来分析场景并做出回应。通俗地说，机器视觉就是用机器代替人眼来进行物体的识别与判断。机器视觉提高了生产的灵活性与自动化程度。在一些特殊场合尤其是危险场合，机器视觉代替人类视觉工作的优势就显现出来了。机器视觉的应用领域比较广，例如人脸识别、车牌识别、自动驾驶、医学图像识别、试卷批改等。

4. 机器人学

机器人学（Robotics）是与机器人设计、制造和应用相关的科学，又称机器人技术或机器人工程学，主要研究机器人的控制与被处理物体之间的相互关系。机器人学涉及运动学、动力学、系统结构、传感技术、控制技术、行动规划和应用工程等科目。随着工业自动化和计算机技术的发展，机器人开始进入大量生产和实际应用阶段，例如炸弹排爆、深海作业、污染环境作业等。世界第一个"机器人公民"Sophia 如图1-1-3 所示。

图 1-1-3　世界第一个"机器人公民"Sophia

1.2　人工智能发展历程

历经半个多世纪，人工智能经历由诞生向高级阶段的进阶过程，在很多领域得到应用，正在深刻地改变着人们的生产、生活和学习方式，推动人类社会由电子信息时代向人工智能时代变革。人工智能诞生至今，共经历下述六个阶段。

第一阶段：人工智能诞生起步阶段（20 世纪 40 ～ 50 年代）。

1950 年，著名的图灵测试诞生，"人工智能之父" Alan Mathison Turing 给出定义：如果一台机器能够与人类展开对话（通过电传设备）而不能被辨别出其机器身份，那么称这台机器具有智能。1956 年，美国达特茅斯学院举行了历史上第一次人工智能研讨会，被认为是人工智能诞生的标志。会上，麦卡锡首次提出了"人工智能"这个概念，Herbert Alexander Simon 和 Allen Newell 则展示了编写的逻辑理论机器。

第二阶段：人工智能的反思发展阶段（20 世纪 60 ～ 70 年代）。

1966—1972 年，首台人工智能机器人 Shakey 诞生。1966 年，美国麻省理工学院（MIT）的 Joseph Weizenbaum 发布了世界上第一个聊天机器人 ELIZA。ELIZA 的智能之处在于她能通过脚本理解简单的自然语言，并能产生类似人类的互动。人工智能发展初期的突破性进展大大提升了人们对人工智能的期望，人们开始尝试更具挑战性的任务，并提出了一些不切实际的研发目标。然而，接二连三的失败和预期目标的落空（例如无法用机器证明两个连续函数之和还是连续函数、机器翻译闹出笑话等）使人工智能的发展走入低谷。

第三阶段：人工智能的瓶颈阶段（20 世纪 70 ～ 80 年代）。

20 世纪 70 年代初，人工智能遭遇了瓶颈。由于缺乏进展，对人工智能提供资助的机构（如英国政府、美国国防部高级研究计划局和美国国家科学委员会）对无方向的人工智能研究逐渐停止了资助。20 世纪 70 年代末，中国人工智能开始起步：1978 年，吴文俊院士提出了利用机器证明与发现几何定理的新方法《几何定理机器证明》；20 世纪 80 年代初，钱学森等主张开展人工智能研究。

第四阶段：人工智能的稳步发展阶段（1980—1987 年）。

1981 年，日本经济产业省拨款 8.5 亿美元用以研发第五代计算机项目，在当时被叫作人工智能计算机。随后，英美等发达国家纷纷响应，开始向人工智能领域的研究提供大量资金。在美国人道格拉斯·莱纳特的带领下启动了 CYC 项目，其目标是使人工智能的应用能够以类似人类推理的方式工作。

第五阶段：人工智能的缓慢发展阶段（1987—2010 年）。

起初，人工智能研究人员对专家系统狂热追捧，但经过几年的发展研究人员就预判专家系统的实用性仅仅局限于某些特定情景，人工智能正式进入低谷阶段。1997 年 5 月，IBM 公司的"深蓝"超级计算机战胜国际象棋世界冠军卡斯帕罗夫，成为首个在标准比赛时限内击败国际象棋世界冠军的计算机系统，如图 1-1-4 所示。

图 1-1-4　IBM "深蓝" 超级计算机挑战卡斯帕罗夫

第六阶段：人工智能的蓬勃发展阶段（2010 年至今）。

随着大数据、云计算、互联网、物联网等信息技术的发展，泛在感知数据和图形处理器等计算平台推动以深度神经网络为代表的人工智能技术飞速发展，大幅跨越了科学与应用之间的 "技术鸿沟"。例如 2016 年 3 月 15 日，Google 公司的人工智能机器人 AlphaGo 与围棋世界冠军李世石的人机大战，这场比赛以李世石认输结束。此次的人机博弈让世人对人工智能有了全新的认识，预示着人工智能开始了新一轮爆发，如图 1-1-5 所示。

图 1-1-5　人工智能机器人 AlphaGo 与围棋世界冠军李世石的人机大战

21 世纪第一个 10 年，中国的人工智能得到了蓬勃发展，大量代表性项目纷纷确立，例如语音识别、中文智能搜索引擎关键技术、虹膜识别等。21 世纪第二个 10 年，中国的人工智能进入全面发展阶段，例如智能家居、智能工业机器人、智能物流、消防救援机器人等都是人工智能技术在不同领域的应用。

综上，人工智能发展历程如图 1-1-6 所示。

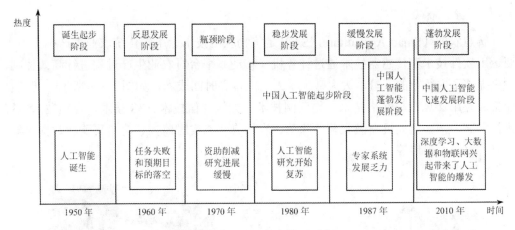

图 1-1-6　人工智能发展历程

1.3　人工智能技术应用

人工智能是一门交叉性学科，涉及计算机科学、数学、心理学、神经学、仿生学、控制论、语言学、哲学等多个学科。随着计算机科学技术的发展，人工智能技术得到飞速发展，并已应用到各个领域，下面介绍一下典型应用。

1.3.1　智能交通

智能交通系统（Intelligent Traffic System，ITS）又称智能运输系统（Intelligent Transportation Sytem，ITS），是将先进的科学技术有效地运用于车辆制造、交通运输和服务控制，提高交通运行效率、节约能源的综合系统。智能交通系统应用范围很广，包括道路交通控制、车辆监控、自动驾驶、航线规划、无人驾驶汽车等，如图 1-1-7 所示。

图 1-1-7　智能交通

1.3.2 智慧农业

智慧农业（Smart Agriculture，SA）是将物联网技术运用到传统农业生产中去，主要运用软件技术和传感器技术通过计算机（移动）平台对农业生产过程进行高效控制，大大提高了农牧业的产量，大大减少了人工成本和时间成本，如图 1-1-8 所示。智慧农业集成应用计算机与网络技术、物联网技术、无线通信技术、3S 技术、音频技术、视频技术等。例如无人机喷撒农药、除草、农作物状态实时监控、物料采购、数据收集、灌溉、收获、销售等。

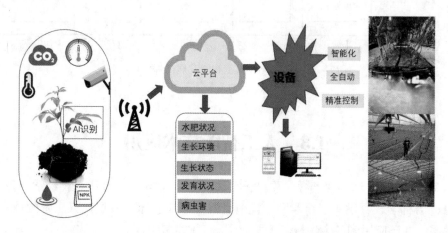

图 1-1-8　智慧农业

1.3.3 智慧医疗

智慧医疗（Wise Information Technology of med，WITMED）利用最先进的物联网技术，实现患者与医务人员、医疗机构、医疗设备之间的互动，逐步达到信息化，如图 1-1-9 所示。智慧医疗由三部分组成，分别为智慧医院系统、区域卫生系统、家庭健康系统。例如智能导诊技术、健康监测（智能穿戴设备）、远程手术、电子病历、自动提示用药时间、服用禁忌、剩余药量等的智能服药系统等。

图 1-1-9　智慧医疗

1.3.4 智能安防

　　智能安防系统是图像的传输和存储、数据的存储和处理准确而选择性操作的技术系统。智能安防系统主要包括门禁、报警和监控三大部分，如图 1-1-10 所示。智能安防系统的应用可以节约人力，提高安防的可靠性，提高工作效率。目前，智能安防系统主要应用在电信诈骗数据锁定、犯罪分子抓捕、消防抢险领域（灭火、人员救助、特殊区域作业）、社区（园区）安防、疫情防控等领域。

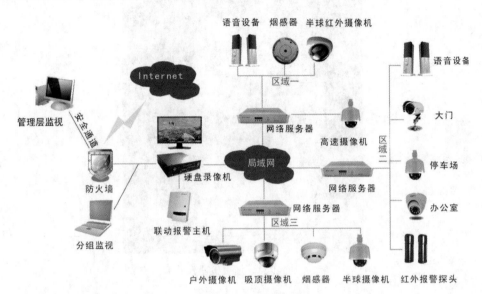

图 1-1-10　智能安防

1.3.5 智能服务

　　智能服务通过捕捉用户的原始信息，根据后台积累的数据，构建需求结构模型，进行数据挖掘和商业智能分析，除了可以分析用户的习惯、喜好等显性需求外，还可以进一步挖掘与时空、身份、工作生活状态关联的隐性需求，主动给用户提供精准、高效的服务。智能服务是在集成现有多方面的信息技术及其应用基础上，以用户需求为中心，进行服务模式和商业模式的创新。因此，智能服务的实现需要涉及跨平台、多元化的技术支撑。例如餐饮行业（点餐、传菜（如图 1-1-11 所示）、回收餐具、清洗）等，订票系统（酒店、车票、机票等）的查询、预订、修改、提醒等。

1.3.6 智能金融

　　智能金融（AI Finance）是人工智能与金融的全面融合，以区块链、大数据、人工智能、云计算等信息技术为核心，全面赋能金融行业，提升服务质量和水平，实现金融服务的智能化、个性化、私有专属化，如图 1-1-12 所示。智能金融的主要应用有智能获客、身份识别、大数据风控、智能投顾、智能客服、区块链、金融云等。

图 1-1-11　送餐机器人

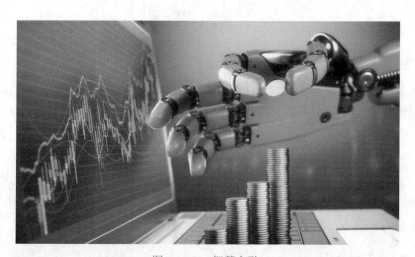

图 1-1-12　智慧金融

1.3.7　智能制造

　　中大型劳动密集型企业根据人力成本逐年增加的趋势，绝大多数都在考虑应用智能设备来降低人力成本，提高生产效率。通过人工智能、先进的检测技术和机器人技术实现高度的自动化流水线生产、柔性生产和产品装配、自动化检测、个性化产品定制、最优化的配送和仓储管理等，如图 1-1-13 所示。

图 1-1-13　智能机械臂

1.3.8　智慧教育

　　智慧教育是指在教育领域（教育管理、教育教学和教育科研）全面深入地运用现代信息技术来促进教育改革和发展的过程。智慧教育主要运用物联网、无线通信、云计算等技术将传统的教育教学模式升级成为具有智能化、感知化、高效化的新型教学模式，其特点是网络化、智能化、数字化和多媒体化，如图 1-1-14 所示。例如在校园里，通过智能化教学平台可以突破时间和空间上的限制实现老师和学生的教学互动也在一定程度上改善了教育行业资源分布不均衡和师资匮乏的现状。

图 1-1-14　智慧教育

1.3.9　智能家居

　　智能家居又称智能住宅（Smart Home），主要是利用物联网技术、计算机技术、智

能云端控制等先进技术将家居生活的有关各个子系统（安防监控、灯光照明、窗帘控制、家电控制、健康环保等）有机地结合在一起，通过网络信息化平台实现"以人为本"的新一代家居生活，如图1-1-15所示。

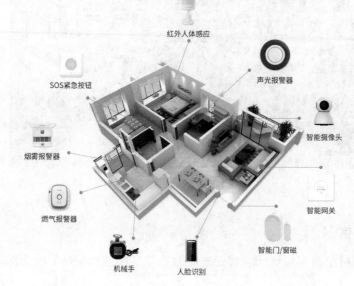

图 1-1-15　智能家居

思考与练习

理论题

1. 什么是人工智能？
2. 人工智能有哪些研究方向？
3. 人工智能有哪些应用？

实训题

调研人工智能应用的具体应用实例。

第 2 章
数据标注技术概述

本章导读

　　数据标注是根据客户的定制数据方案进行数据获取并进行加工处理，然后再将标准化数据输出给客户使其得到符合要求的可用数据的技术。数据标注技术包含了数据采集、数据清洗、数据标注、数据交付。数据采集是数据采集者利用相应的设备将满足需求的信息进行采集并汇总；数据标注是通过数据加工人员借助类似于 BasicFinder 这样的标记工具对人工智能学习数据进行加工的一种行为。通常数据标注的类型包括图像标注、语音标注、文本标注、视频标注等种类。

思政目标

★ 培养直面困难，迎难而上的坚强意志。

教学目标

★ 掌握数据采集、数据清洗、数据标注、数据交付的概念。
★ 熟悉数据清洗、数据标注的分类。

思维导图

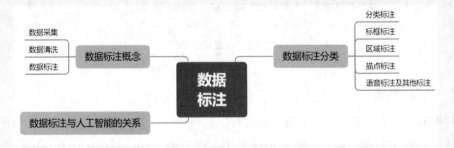

2.1　数据标注技术的基本概念

　　人工智能的三大决定性影响因素就是算法、算力和数据。这里的数据就是通过不同途径采集来的原始数据，经过加工（数据标注）后，得到的符合要求的数据。数据标注（Data Annotations）与人工智能相伴而生，它是大多数人工智能算法有效应用的基础。数据标注的体量和质量越高，那么算法设计的性能就越好，应用的效果也就越好。

2.1.1　数据采集

　　数据采集（Data Acquisition，DAQ）又称数据获取，是根据各种复杂场景数据的需求，通过相应的设备，进行线下和线上信息采集，此信息涵盖图片、文本、语音、视频等全维度多媒体数据，助力客户高效展开算法模型训练与机器学习，如图 1-2-1 所示。

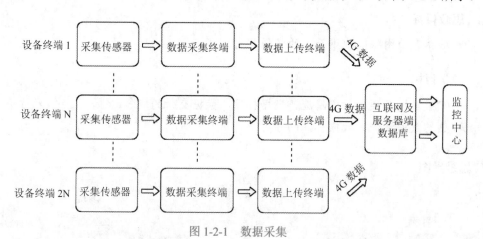

图 1-2-1　数据采集

2.1.2　数据清洗

　　数据清洗（Data Cleaning）对数据进行重新审查和校验，删除重复信息，纠正存在的错误，并提供数据一致性。数据清洗是把"脏数据""洗掉"，发现并纠正数据文件中可识别的错误的最后一道程序，包括检查数据一致性，处理无效值和缺失值等。而数据清洗的任务是过滤那些不符合要求的数据，将过滤的结果交给业务主管部门。不符合要求的数据主要包括不完整的数据、错误的数据、重复的数据。

1. 数据清洗的方法

　　通常来说，数据清洗是将数据库中的数据精简并除去重复记录，将剩余部分数据转换成标准可接收格式的过程。数据清洗标准模型是将数据输入到数据清洗处理器，通过一系列步骤"清洗"数据，然后以期望的格式输出清洗过的数据，如图 1-2-2 所示。数据清洗从数据的准确性、完整性、一致性、唯一性、适时性、有效性几个方面来处理数据的丢失值、越界值、不一致代码、重复数据等问题。

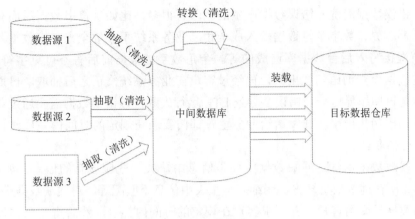

图 1-2-2　数据清洗

根据不同的应用，数据清洗的要求和标准不同，步骤和方法很难做到统一，根据数据不同可以通过相应的数据清洗方法来实现。

（1）错误值的检测及解决方法。错误值的检测是用统计分析的方法识别可能的错误值或异常值，如回归方程、偏差分析，也可以用简单规则库检查和清洗数据。

（2）不完整数据的解决方法。正常情况下，不完整数据（即值缺失）的缺失值需要通过手工处理。一部分缺失值可以从数据源或其他数据源推导出来，如缺失的值可以通过最大值、最小值、平均值或更为复杂的概率估计来代替，最终实现数据清洗。

（3）重复记录的检测及消除方法。数据库中关键属性的值相同的记录被认为是重复记录。数据库中的记录是通过判断记录之间的关键属性值是否相等来检测记录是否重复的，记录的关键值相等则将它们合并为一条记录，或者删除其中一条记录，保留另一条记录。

（4）数据源内部及数据源之间数据不一致性的检测及解决方法。多个数据源集成的数据可能存在语义冲突，检测不一致性可通过定义完整性约束来实现，也可通过分析数据发现它们之间的关系，最终保证了数据一致性。

数据清洗工具可分为三类：第一类，数据清洗工具，使用领域特有的知识对数据进行清洗，通常采用模糊匹配技术、语法分析完成对多数据源数据的清洗；第二类，数据迁移工具，允许指定简单的转换规则，如将字符串 home 替换成 family；第三类，数据审计工具，通过扫描数据发现它们之间的关系和规律。

2.　数据清洗分类

（1）重复数据清洗。重复数据清洗是在数据表（数据库）中将重复数据记录的所有字段导出来，经过客户整理并确认。数据清洗是一个反复的过程，在反复的过程中不断地发现问题并解决问题。对于是否过滤、是否修正一般要求客户确认，将过滤数据写入数据表或表格文件。重复数据清洗是把重复的数据按照一定的约束规则清洗掉（例如在学生数据表中将学号相同的记录合并成一条记录，或者删除重复记录的其中一条，保留信息较全的另一条记录），对于每个过滤规则需要进行验证并要求用户确认。

（2）错误数据清洗。错误数据产生的原因有很多，比如字符串数据后面有一个回车符、日期越界、数字字符数据输入成全角；业务系统不够健全，在接收输入后没有进行判断直接写入后台数据库造成的等。全角数字、数据前后有不可见字符的问题，可以通过数据库查询语句找出来，再经过客户在业务系统修正之后抽取。日期格式不正确或者是日期越界这一类错误会导致 ETL 运行失败，该错误数据需要通过业务系统数据库查询语句找出来，并发送给业务主管部门要求在规定的时间内完成修正，修正之后再进行抽取。

（3）残缺数据清洗。残缺数据主要是信息中缺失一些应该有的信息，如用户名、单位名称、所在地等信息缺失，明细表与主表中信息不匹配等。对残缺数据进行清洗，将缺失的数据提交给客户，并要求客户在规定的时间内补全，然后将补全并且核对无误的信息写入数据库。

2.1.3 数据标注

数据标注是根据客户的定制数据方案进行数据获取并进行加工处理，然后再将标准化数据输出给客户使其得到符合要求的可用数据的技术。随着数据标注产业化的逐步推进，数据标注的准确性得以提升，标注数据的数量可以根据项目的实际需求进行增减，从而可为人工智能模型训练提供更可靠的数据来源。数据标注技术包含了数据采集、数据清洗、数据标注、数据交付。数据标注是通过数据加工人员借助特定的标记工具，对人工智能学习数据进行加工的一种行为。通常数据标注的类型包括图像标注、语音标注、文本标注、视频标注等种类。标记的基本形式有标注画框、目标物体描轮廓线、文本标记、图像标点、3D 画框等。

数据标注为人工智能提供基础的数据源，人工智能的目标是替代人的认知和行为功能，目前人工智能只实现了代替人的部分认知和行为功能。通俗地说，人工智能分为五个等级，第五级是最高等级，即人工智能能够替代人的认知和行为，现在人工智能的水平介于第二级和第三级之间。以我们学习认识小动物的过程为例，第一次家人指着小狗告诉我们这只小动物叫"小狗"。于是，经过家人第一次的介绍后，小狗就给我们留下了特征印象（有四条腿、两只耳朵、一双眼睛、全身有毛、会跑、会"汪汪"叫），再经过反复多次与其他小动物区别后最终认识了小狗，其实每次与其他小动物的区别认知就是标注和学习的过程。类比机器学习，我们要教机器认识一个香蕉，你直接给它一张香蕉的图片，它是完全不知道这是什么。此时我们需要在香蕉的照片上面标注"香蕉"两个字，机器通过学习大量的香蕉图片获取香蕉的特征，当机器掌握了香蕉的特点后，我们再任意拿一张香蕉的照片给机器识别，机器与自己知识库里所存放的香蕉特征进行比较，最后就能把香蕉认出来了。

训练集和测试集都是标注过的数据，还是以香蕉为例，假设我们有 20000 张标注着"香蕉"的图片，那么我们可以拿 18000 张香蕉图片作为训练集，2000 张香蕉图片作为测试集。机器从 18000 张香蕉的图片中学习得到一个模型（比如有香蕉皮，皮的颜色有青色、黄色，香蕉果肉乳白色等），然后我们将剩下的 2000 张机器没有见过的香蕉图片拿去给机器识别，我们就能够得到这个模型的准确率了。想想我们上学的时候，考试的内容总是不会和我们平时的作业一样，也只有这样才能测试出学习的真正效果，这样就不难理解为什么要划分一个测试集了。

　　数据标注的数据来源多种多样，数据量也越发庞大，即使如此，并不是每种数据都适合标注，具体而言，常见的标注对象主要分为图像与视频、语音、文本。

　　（1）图像与视频数据。对街景的画框标注，对人脸图像进行描点处理。按照图像展示对象，又可分为人脸数据、车辆数据、街景数据等。

　　（2）语音数据。在实际应用中，语音处理软件科大讯飞、Praat、Transcriber、SPPAS 等都是常用的语音标注工具。

　　（3）文本数据。可通过科大讯飞标注软件、IEPY、DeepDive（Mindtagger）、BRAT、SUTDAnnotator、Snorkel、Slate、Prodigy 等开源文本工具进行标注。

2.2　数据标注分类

　　我们知道机器学习分为无监督学习、半监督学习、有监督学习和强化学习。无监督学习的效果是不可控的，常被用来做探索性实验。而在实际产品应用中，通常使用的是有监督学习。有监督的机器学习就需要有标注的数据来作为先验经验。在进行数据标注之前，我们首先要对数据进行清洗，得到符合要求的数据。数据的清洗包括去除无效的数据、整理成规整的格式等，具体的数据要求需要和算法人员进行确认。下面介绍常见的几种数据标注类型。

1. 分类标注

　　分类标注将目标图片进行打标签。一般是从既定的标签中选择数据对应的标签，是封闭集合。一张图就可以有很多分类 / 标签：轿车、货车、巴士、红色、白色、黑色等（如图 1-2-3 所示）。分类标注适用于文本、图像、语音、视频。

图 1-2-3　分类标注

2. 标框标注

机器视觉中的标框标注就是框选要检测的对象。例如人脸识别，首先要把人脸的位置确定下来，然后再进行识别。在足球比赛中，通过对球员球服的识别对球员的归属球队进行分类（如图 1-2-4 所示）。

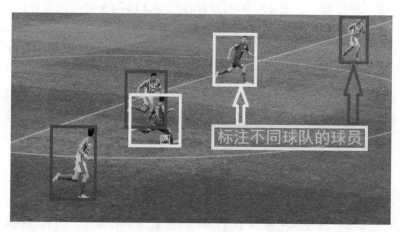

标注不同球队的球员

图 1-2-4　标框标注

3. 区域标注

相比于标框标注，区域标注要求更加精确，边缘可以是柔性的，如自动驾驶中的道路识别（如图 1-2-5 所示）。

图 1-2-5　区域标注

4. 描点标注

在一些对特征要求非常细致的应用中进行描点标注，例如人脸识别、骨骼识别等（如图 1-2-6 所示）。

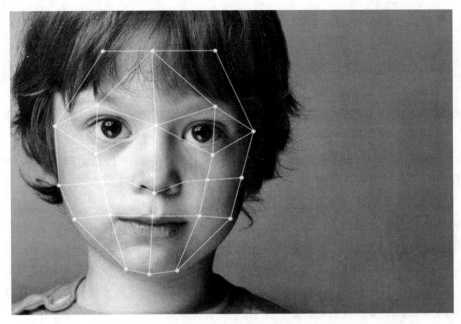

图 1-2-6 描点标注

5. 语音标注及其他标注

标注的类型除了上面几种常见，还有语音标注（如图 1-2-7 所示）、文本标注等。不同的需求需要不同的标注。如自动摘要，需要标注文章的主要观点，自动摘要标注就区别于上面任何标注。

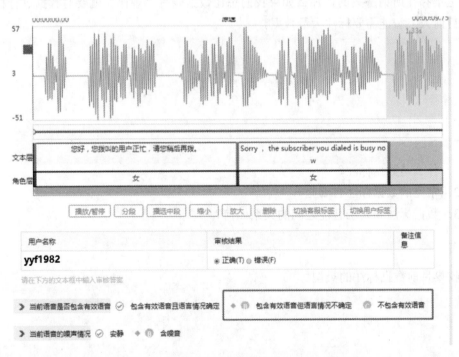

图 1-2-7 语音标注

2.3 数据标注与人工智能的关系

数据是人工智能的基石，数据标注技术正是人工智能深度学习技术催生出来的新技术。数据标注就是将大量的、原始的、杂乱的数据经过加工处理得到"干净"的数据，为人工智能提供精确的数据源。当下人工智能行业对标注数据质量的要求越来越高，数据标注行业正在向精细化时代迈进。人工智能要想实现，就需要把人类的理解和判断能力教给计算机，让计算机拥有人类的识别能力。

机器学习需要投喂海量的数据，这些数据就来源于数据标注行业。以自动驾驶为例，在汽车自动驾驶的过程中，汽车本身需要具备规划、感知、预警、决策、控制等多项"技能"，这些技能可以统称为"人工智能"。所谓的智能只是一个结果，想要让汽车本身的算法做到处理更多、更复杂的场景，背后就需要有海量的真实道路数据作支撑。这些海量的数据就需要依靠数据标注。

数据标注存在的意义是让机器理解并认识世界。在汽车自动驾驶领域，数据标注处理的标注场景通常包括换道超车、通过路口、无红绿灯控制的无保护左转和右转，以及一些复杂的长尾场景诸如闯红灯车辆、横穿马路的行人、路边违章停靠的车辆等。

人工智能的目标是实现智能，目前最可靠的路线是机器学习方法，也就是通过数据来指导解决问题的过程。要学习数据中的规律，就要假设数据是有正确答案的，很多数据是不存在所谓答案的，那么如果我们想让数据能有"规律"就要对数据进行标注。所以目前人工智能需要标注大量数据。

思考与练习

理论题

1. 什么是数据标注？
2. 常见的数据标注有哪些？
3. 数据标注和人工智能之间的关系如何？

实训题

收集目前数据标注的类型。

项目篇

项目 1
文本数据标注实训

📉 项目导读

　　随着人工智能在实践中的不断突破，越来越多的公司加入到 AI 相关业务的浪潮中，建立算法模型，需要使用大量的标注数据训练机器学习其特征，以达到"智能"的目的。数据标注是为了帮助机器学习识别数据中的特征。比如我们希望机器学会识别汽车。我们直接给机器一张车的图片，机器认不出来。我们必须给汽车图片贴上标签，并注明"这是一辆汽车"。文本数据标注是最常用的数据标注类型之一。

▶ 思政目标

★ 树立正确的价值观和缜密严谨的科学态度。
★ 养成爱岗敬业、履职尽职的职业精神。

📖 教学目标

★ 了解文本数据标注的发展现状及应用领域。
★ 掌握文本数据标注的基本规范、技术及流程。

💡 思维导图

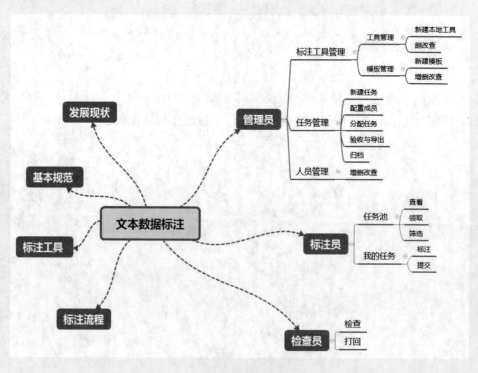

👉 **实施任务单**

任务编号	项目 1	任务名称	文本数据标注
任务简介	使用 AILAB 数据标注平台创建数据标注工具，完成发票数据标注、广告文案数据标注和关键字数据标注任务，并对标注的数据进行质检，最终提交任务		
设备环境	台式机或笔记本，建议 Windows 10 操作系统		
实施专业		实施班级	
实施地点		小组成员	
指导教师		联系方式	
任务难度		实施日期	
任务要求	1. 管理员 （1）创建发票、广告文案和关键字数据标注模板，并新增本地工具。 （2）新建标注任务并分配任务，最后对标注数据进行验收和导出。 2. 标注员 （1）在任务池中领取数据标注任务。 （2）完成对发票数据、广告文案和关键字数据的标注。 3. 检查员 （1）在任务池中领取数据检查任务。 （2）完成对发票数据、广告文案和关键字数据标注的检查，打回不合格的标注数据。		

模块 1　文本数据标注概述

文本数据标注作为最常见的数据标注类型之一，是指对文字、符号在内的文本进行标注，让计算机能够读懂并识别。从本质上来看，文本数据标注就是一个监督学习的过程，而标注问题就是更复杂结构预测问题的简单形式。标注问题的目的在于学习模型，使该模型能够对观测序列给出标记序列作为预测。这也决定了标注问题的工作流程，即输入是一个观测序列，之后输出是一个标记序列或者状态序列。

1.1　文本数据标注发展现状

自然语言对话是网络大数据语义理解的主要挑战之一，被誉为人工智能皇冠上的宝石，而文本数据标注就是这一系列工作中最基础、最重要的环节。自然语言对话系统的研究是希望机器人能够理解人类的自然语言，同时实现个性化的情感表达、知识推理和信息汇总等功能。文本标注的目标则是帮助机器理解人类的自然语言，通过标注数据中的标签，例如关键字、符号、短语或句子，甚至是隐含的各种情绪，教会机器识别文本中的人类意图或者情感，并促使机器人对人类的情感做出精准定位。

近二三十年的研究成果显示，自然语言对话系统历经了由基于概率决策过程的多轮对话系统到基于深度学习的生成式对话系统，再到将深度学习和符号处理相融合的神经符号对话系统的快速发展。但是，无论系统发展得如何迅速、无论系统朝着何种方向发展，自然语言对话系统的核心推动力从未改变，即更好地进行自然语言理解、知识表示和逻辑推理。

1.2　文本数据标注基本规范

1.2.1　什么是文本数据标注

文本数据标注其实是一个监督学习问题。我们可以把标注问题看作是分类问题的一种推广方式，同时标注问题也是更复杂的结构预测问题的简单形式。标注问题，其输入是一个观测序列，其输出是一个标记序列或者状态序列。标注问题的目的是学习模型，使该模型能够对观测序列给出标记序列作为预测。需要注意的是，标记个数是有限的，但其组合成的标记序列的个数是依照序列长度呈指数级增长的。

作为最常见的数据标注类型之一，文本标注是指将文字、符号在内的文本进行标注，让计算机能够读懂识别，从而应用于人类的生产生活领域。

1.2.2　文本数据标注的重要性

人工智能的三要素为数据、算力和算法，数据相当于 AI 算法的燃料。文本数据标注相当于为"投喂"AI 准备"饲料"。机器学习中的监督学习和半监督学习都需要对人工标注好的数据进行学习，其训练集、验证集和测试集都是标注过的数据。当前，虽然有很多公开的语料库可供使用，但对于垂直领域来说，还是构建自己的专业语料库后再训练模型效果比较理想，也经常会出现自己根据实际业务需求而进行数据标注的情况。实际上，与图片、语音、视频等其他模态的数据标注相比，文本数据标注更具有其自身的特点。

1.2.3　文本数据标注的类型

文本是最常用的数据类型。70%的公司均离不开文本。文本数据标注包括各种标注，如情绪、意图、属性、关系、实体、类别、搜索等类型。

（1）命名实体标注。命名实体标注需要将一句话中的实体提取出来，如电视、足球、门等。有时候还需要划分这句话的类别如音乐、百科、新闻等或者是标注出文本中的动作指令，例如开门、播放等，许多企业都会在各种应用场景中应用命名实体标注功能。

（2）情感标注。情感标注通常需要判定一句话包含的情感，如三级情感标注，包括正向、中性、负向，要求高的会分成六级甚至十二级情感标注。为了获得这些数据，经常要用到人工标注者，因为他们可以评估所有网络平台，包括社交媒体和电商网站上的情绪和评论内容，并能够标记和报告其中辱骂、敏感的关键字或新词。

（3）关系标注。关系标注是对复句的句法关联和语义关联做出重要标示的一种任务，是复句自动分析的形式标记。下面对涉及关系标注的知识图谱进行简要介绍。知识图谱，也叫知识库，客户用来做查询和推理用。知识图谱的结构包括实体、属性和关系。

（4）意图标注。随着人们越来越多地使用人机交互进行交流，机器必须能够理解自然语言和用户意图。多意向数据收集和分类可将意向划分为若干关键类别，包括请求、命令、预订、推荐和确认。如客户要明确查询天气，里面有"查询天气""查询气象 - 雨""查询气象 - 雾""查询气象 - 气温"等意图。

（5）语义标注。语义标注既可以改进产品列表，又可以确保客户能够找到想要的产品。这有助于把浏览者转化为买家。语义标注服务通过标记产品标题和搜索查询中的各个组件帮助训练算法，以识别各组成部分，提高总体搜索相关性。

1.2.4 文本数据标注分类

在实际项目应用中，文本数据标注主要分为文本分类标注和文本划词标注。文本分类标注，是对一段给定的文本，选择对应的一个或多个类别，如图 2-1-1 所示。

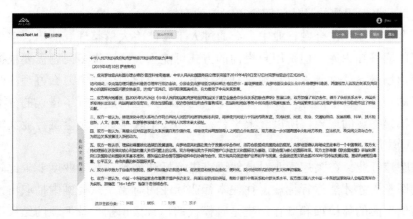

图 2-1-1 文本分类标注

文本划词标注，是对一段给定的文本，划出其中的词语并标注对应的属性和内容，如图 2-1-2 所示。

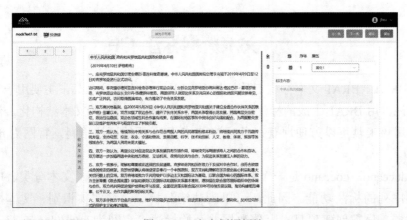

图 2-1-2 文本划词标注

1.2.5 文本数据标注应用领域

文本数据标注是最常见的数据标注类型之一，在现实生活中也得到了充分应用。具体来说，文本数据标注应用比较多的场景有新零售行业、客服行业、金融行业和医疗行业等。

（1）新零售行业。新零售行业中需要重塑零售行业的服务模式，因此需要对客户的问题进行精准定位，既需要对客户的问题进行量身定制，又需要考虑多数客户的共性要求，这就需要借助文本数据标注的方法将顾客的相应问题做出标记。

（2）客服行业。随着互联网技术的兴起，电子客服越来越多地取缔了人工客服。电子客服同样也可分为文字客服、视频客服和语音客服三类，这就需要机器对客户说话方式进行识别。考虑到不同的人说话方式不同、说话习惯不同，因此对于同一个问题提问的方式也会不同。但是对于机器而言，面对同一个问题，顾客提问方式虽然不同，但做出的回答应该是完全相同的。这就要求对同一问题的不同提问方式进行学习，从而做出回复。文本数据标注主要集中于场景识别和应答识别。以电商平台的智能客服机器人为例，当用户在购物中遇到问题时，人工智能将根据用户的咨询内容切入到对应的场景里，根据用户的具体问题给出对应的回答。

（3）金融行业。在金融行业中，会通过人工智能将大量整理好的语言情境对应场景和模型的应答知识库，但是用户提问的方式可能不一样，很多问题需要根据上下文和当前应用场景才能做到充分理解，打个比方，当用户问信用卡怎么办理的时候，机器人回复的却是储蓄卡的办理流程，这是因为机器人把问题进行了错误的分类，从而出现回答错误答案的现象。所以线上平台标注和线下表格标注是金融行业文本数据标注的主要标注形式。

（4）医疗行业。在医疗行业对自然语言进行标注处理，对专业度要求比较高，需要专门的医学人才才能进行标注，往往本行业标注的对象是从病例中抽取出来的一些字段，病例里面的体检项和既往病史是有模板的，直接识别，替换项的结果即可，这往往比较容易。但是主诉和医生对患者的描述通常每次都会有所差异。我们在做标注的时候可以这样处理，首先明确每个词的属性，标记每个词在这种语境下面具备怎样的属性，然后标注每个词在句子中的作用。

1.3 文本数据标注工具

（1）BRAT。BRAT 文本标注工具是基于 Web 的文本标注工具，主要用于对文本的结构化标注，用 BRAT 生成的标注结果能够把无结构化的原始文本结构化，供计算机处理。利用该工具可以方便地获得各项 NLP 任务需要的标注语料，官网为 http://brat.nlplab.org/。

（2）doccano。doccano 是一个开源文本标注工具，它提供了文本分类、序列标注和序列到序列的标注功能。因此，可以为情绪分析、命名实体识别、文本摘要等创建标记数据。只需创建项目，上传数据并开始标注。官网为 http://doccano.herokuapp.

com/。

（3）Chinese-Annotator。Chinese-Annotator 工具的灵感来自于 Prodigy，每一次标注只需要用户解决一个 case 的问题。以文本分类为例，对于算法给出的分类结果，只需要单击"正确"提供正样本，单击"错误"提供负样本，单击"略过"将不相关的信息滤除，"Redo"让用户撤回操作，四个功能键以最简模式让用户进行标注操作。真正应用中，应该还要加入一个用户自己加入标注的交互方式，比如用户可以高亮一个词然后选择是"公司"，或者链接两个实体选择他们的关系等，主要可以用来做命名实体，优点是界面友好。官网为 https://github.com/deepwel/Chinese-Annotator。

（4）YEDDA。YEDDA 是由新加坡科技大学 yangjie 等人开发的，前身是 SUTDAnnotator（https://github.com/jiesutd/YEDDA），用于文本，几乎所有语言，包括英语、中文、符号，甚至表情符号上注释块 / 实体 / 事件。它支持快捷注释，手工注释文本非常有效。用户只需选中文本并按快捷键如 A，就会自动标注。它还支持命令注释模型，该模型可以批量注释多个实体，并支持将带注释的文本导出为序列文本。此外，更新版本还包括智能推荐和管理员分析。与所有主流操作系统兼容，在 Windows 10 中可以直接用，但它是基于 Python2 开发的，所以安装需要用 Python2。需要标注的文档用 txt 文件导入，编码方式为 UTF-8，如果编码方式不对会显示乱码。

（5）AILAB 数据标注平台。AILAB 数据标注平台是由科大讯飞公司开发的一款人工智能实验平台，其中的数据标注平台为了满足业务线各种个性化的标注需求提供了丰富的标注工具，支持文本、图片、音频数据的标注。一个标注工具就对应一个标注页面，用于完成用户创建的某类标注任务，标注员使用标注工具对数据进行标注，检查员使用标注工具对标注员的标注结果进行检查、校正或打回。标注平台不仅内置了丰富的标注工具，超级管理员或应用管理员还可以对标注工具进行编辑删除管理，而且标注平台还提供了两种方式供管理员新增标注工具：上传自定义工具和根据模板创建工具。

1.4　文本数据标注流程

文本数据标注流程分为预处理、标注、线上标注、线下标注、质检、验收、数据处理和数据交付，如图 2-1-3 所示。

图 2-1-3　文本数据标注流程

（1）预处理：根据数据的规范要求，对数据进行算法的初步处理。

（2）标注：根据项目要求，可以将标注分为线上标注（例如数据 + 平台）和线下标注。

①线上标注：将源数据上传到"数据 + 平台"，通过互联网进行操作。

②线下标注：通过线下小工具或线下文本例如 TXT、Excel 格式等进行操作。

（3）质检：根据数据合格率要求，由理解定义规范的人员对已标注数据进行抽查。

（4）验收：由数据质量中心对质检合格数据进行再次验证。

（5）数据处理：利用技术处理成客户需要的格式，如 JSON、UTF-8 文本或 Excel 等。

（6）数据交付：数据加密后交付给客户。

本书文本数据标注主要使用科大讯飞人工智能实验平台中的 AILAB 数据标注平台，该平台提供了完整的数据标注流程支持，可对文本类、图片类和音频类数据进行内容标注，标注完成的结果可应用于深度学习平台进行模型训练。AILAB 数据标注流程如图 2-1-4 所示。

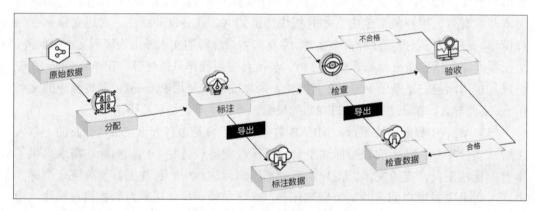

图 2-1-4　AILAB 数据标注流程

AILAB 数据标注平台包含超级管理员、应用管理员、标注员和检查员等不同角色，可实现应用管理、标注工具管理、任务创建与分配、数据标注与检查和任务验收的完整流程，能够满足不同领域 AI 模型训练的数据需求，从而提高模型训练的效果。

（1）超级管理员。超级管理员可以查看用户列表；对于标注应用，可以新建应用，配置应用信息，删除应用；支持对标注模板和标注工具进行管理，可以新建标注模板，复制、编辑、删除模板，对标注工具进行新建、删除、编辑操作。

（2）应用管理员。应用管理员可以对超级管理员分配授权的应用进行管理维护。在应用首页，可以查看应用信息，添加标注工具，查看任务统计。在任务管理中，可以新建标注任务，配置任务信息，上传原始数据，分配标注员和检查员，验收、导出标注数据等。在人员管理中，可以导入用户，配置标注和检查权限。支持对标注模板和标注工具进行管理，可以创建标注模板和标注工具，并对自己创建的内容进行编辑、删除。

（3）标注员。标注员可以对分配的任务进行标注。标注过程中可以查看图片、文本和语音等原始数据，并使用相应的标注工具进行标注。标注完成后可以提交标注结果。

（4）检查员。检查员可以对分配的标注任务进行检查。检查过程中可以查看标注员已标注的数据，并确认标注结果正确与否。检查完成后可以提交检查结果。

模块 2　文本数据标注实例

文本标注是对一段文本内容进行标注，根据需求可分为语句分词标注、语义判定标注、语句词性标注、主题事件归纳、文本翻译标注、情感色彩标注。因此，在收集到真实数据之后，需要对文本数据进行标注，使用分类标注的功能将文本转化为计算机能够识别的语言，从而使计算机能够有效地提取特征，提高文本的识别率。我们以语义识别为背景完成对文本数据的标注任务。

本书文本数据标注案例主要使用科大讯飞 AILAB 人工智能数据标注平台实现文本数据标注，主要操作步骤分为搭建数据标注平台、新建数据标注任务、导入要标注的数据、对文本进行数据标注、检查标注数据、验收与导出数据，如图 2-1-5 所示。

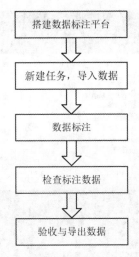

图 2-1-5　AILAB 文本数据标注操作步骤

实例 1　发票数据标注

实例 1 操作视频

1. 搭建数据标注模板

（1）使用"应用管理员账号"登录 AILAB 数据标注平台，单击页面左侧的"模板管理"按钮，进入模板管理页面，如图 2-1-6 所示。

（2）单击"新建模板"按钮，在弹出的"新建模板"对话框中输入模板名称、权限类型、模板分类，单击"保存"按钮，如图 2-1-7 所示。

图 2-1-6　数据标注模板管理

图 2-1-7　新建模板

（3）在创建好的发票数据标注模板中单击"编辑"按钮，如图 2-1-8 所示。

图 2-1-8　文本标注编辑

（4）进入文本标注工具编辑窗口，文本标注工具主要分布在页面左侧任务窗格中，分为数据容器工具、操作说明工具、操作组件工具等，选择数据容器工具中的文本工具，拖动到右侧的空白区域，适当调整文本工具的大小和位置，文本数据容器工具拖动后变成灰色按钮，该工具主要是为了方便后期导入文本数据，如图 2-1-9 所示。

图 2-1-9　文本容器

（5）选择"操作说明"工具组中的"文本描述"工具，拖动到工作台的适当位置，调整其大小，单击文本描述工具按钮右上角的属性设置按钮，弹出"属性编辑"对话框，设置文本内容、字体、字号、颜色等属性，如图 2-1-10 所示。

图 2-1-10　文本描述

（6）选择"操作组件"工作组中的"文本标注"工具，拖动到工作台的合适位置，调整其大小，如图 2-1-11 所示。

图 2-1-11　文本标注工具

（7）单击文本标注操作组件右上角的属性设置按钮，弹出"属性编辑"对话框，在其中可以编辑标题、备注、是否支持自定义属性、编辑属性，如图 2-1-12 所示。

图 2-1-12　文本标注工具属性设置

（8）单击文本标注工具"属性编辑"对话框中的"添加选项"按钮，分别添加单位名称、纳税人识别号、开户银行、银行账号等属性信息，如图 2-1-13 所示。

图 2-1-13　文本标注工具添加选项

（9）单击"保存"按钮，显示保存成功提示信息，保存当前编辑好的文本标注工具平台，如图 2-1-14 所示；单击"模板预览"按钮可以查看当前编辑好的文本标注工具平台。

图 2-1-14　保存文本标注工具

（10）单击 AILAB 数据标注平台左侧的"工具管理"按钮进入工具管理页面，单击"新增模板工具"按钮，编写"新增模板工具"对话框信息，注意选择模板为"发票数据标注"，如图 2-1-15 所示，单击"确定"按钮。

（11）单击页面左侧的"应用首页"按钮打开添加标注工具页面，如图 2-1-16 所示。

图 2-1-15　新增模板工具

图 2-1-16　应用首页

（12）单击"添加新标注工具"按钮，添加刚创建好的"发□数据标注"工具，如图 2-1-17 所示，单击"确定"按钮。

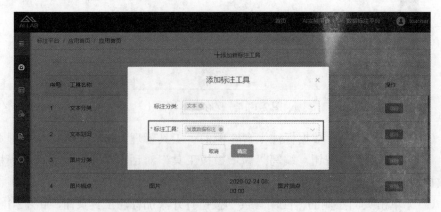

图 2-1-17　添加新数据标注工具

2. 新建任务，导入数据

（1）单击 AILAB 数据标注平台左侧的"任务管理"按钮进入"任务管理"界面，单击"添加新任务"按钮，如图 2-1-18 所示。

图 2-1-18　任务管理

（2）进入"任务新建"界面，选择标注工具为"发票数据标注"，任务名称为"发票数据标注"，编写数据描述信息，上传方式为"文件上传"，导入要标注的文本文件，格式为 zip 格式，最大不超过 500MB，如图 2-1-19 所示。

图 2-1-19　填写任务信息

（3）单击"下一步"按钮进入"配置任务信息"界面，填写配置任务的相关信息，如图 2-1-20 所示。

图 2-1-20　配置任务信息

（4）单击"完成任务创建"按钮，显示任务创建成功提示信息，如图 2-1-21 所示。

图 2-1-21　创建任务成功

（5）单击"开始分配"按钮将标注任务分配给标注员，单击"导入成员"按钮，导入标注员信息后单击"分配"按钮分配任务，也可以批量分配任务或批量移出，如图 2-1-22 所示。

图 2-1-22 分配任务

3. 发票数据标注

（1）使用"标注员"账号登录 AILAB 数据标注平台，进入"任务池"界面，显示出刚刚建立的发票数据标注任务，如图 2-1-23 所示。

图 2-1-23 参与标注

（2）单击"参与标注"按钮进入"发票数据标注"界面，如图 2-1-24 所示。

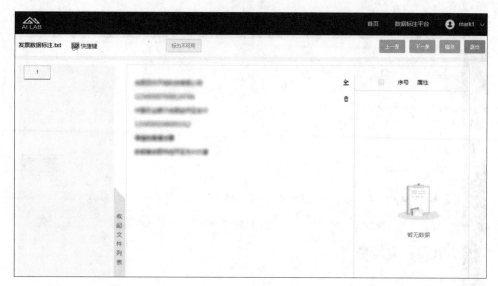

图 2-1-24　"发票数据标注"界面

（3）在文本容器中选择要标注的文本，在文本标注工具中选择属性或自定义属性，标注完毕后单击"提交"按钮，如图 2-1-25 所示。

图 2-1-25　发票数据标注

4．检查数据

（1）数据标注任务结束后，使用"应用管理员"账号登录 AILAB 数据标注平台，单击"任务管理"模块，分配检查员任务，如图 2-1-26 所示。

（2）使用"检查员"账号进入 AIALB 数据标注平台后，在任务列表"发票数据标注"中单击"参与检查"按钮（如图 2-1-27 所示），开始检查任务，进入"检查标注"界面。

图 2-1-26 检查员任务分配

图 2-1-27 "检查标注"界面

（3）检查时，可以查看标注员的标注结果，标注错误的数据需要单击"错误"进行打回，原始数据有问题的可以单击"标为不可用"按钮，单击"上一条"和"下一条"按钮切换标注数据。检查完成后单击"提交"按钮提交检查结果，如图 2-1-28 所示。

5. 验收与导出

（1）使用"应用管理员"账号登录 AILAB 数据标注平台，在对应任务中可以进行归档、导出、继续添加、移除等操作，如图 2-1-29 所示。

（2）单击"归档"后任务将不可更改。单击"导出"按钮，在"导出信息确认"对话框中选择导出结果类型和导出文件格式，如图 2-1-30 所示。

图 2-1-28　检查标注数据

图 2-1-29　"任务管理"界面

图 2-1-30　"导出信息确认"对话框

（3）单击"确定"按钮，系统将导出数据到本地，在导出记录中可以查看相应的记录，如图 2-1-31 所示。

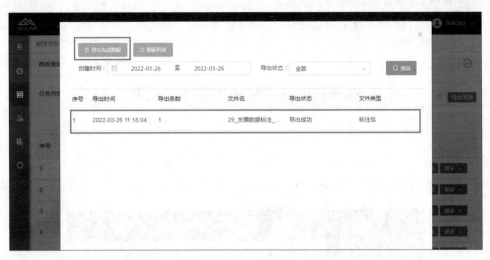

图 2-1-31 导出数据

6. 实施评价表

任务编号	1-1		任务名称	发票数据标注	
评量项目			自我评价	质检评价	教师评价
实训过程评价	学习态度（20分）				
	沟通合作（10分）				
	回答问题（5分）				
实训效果评价	任务管理（20分）				
	数据标注（30分）				
	数据质检（15分）				
学生签字		质检签字		教师签字	年 月 日
参考评价标准					
项目		A	B		C
实训过程评价	学习态度（20分）	具有良好的价值观、缜密严谨的科学态度和爱岗敬业、履职尽职的职业精神	具有正确的价值观、缜密严谨的科学态度和履职尽职的职业精神		具有正确的价值观和爱岗敬业、履职尽职的职业精神
	沟通合作（10分）	具有很好的沟通能力，在小组学习中具有很强的团队合作能力	具有良好的沟通能力，在小组学习中具有良好的团队合作能力		具有较好的沟通能力，在小组学习中具有较好的团队合作能力
	回答问题（5分）	积极、踊跃地回答问题，且全部正确	比较积极踊跃地回答问题，且基本正确		能够回答问题，且基本正确

实训效果评价	任务管理（20分）	合格率 98% 以上	合格率 95%～97%	合格率 93%～94%
	数据标注（30分）	合格率 98% 以上	合格率 95%～97%	合格率 93%～94%
	数据质检（15分）	合格率 98% 以上	合格率 95%～97%	合格率 93%～94%

实例 2　广告文案数据标注

实例 2 操作视频

1. 搭建数据标注模板

（1）使用"应用管理员"账号登录 AILAB 数据标注平台，单击界面左侧的"模板管理"按钮（如图 2-1-32 所示）进入"模板管理"界面。

图 2-1-32　数据标注模板管理

（2）单击"新建模板"按钮，在弹出的"新建模板"对话框中输入模板名称、权限类型、模板分类，如图 2-1-33 所示，单击"保存"按钮。

图 2-1-33　新建模板

（3）在创建好的广告文案数据标注模板中单击"编辑"按钮，如图 2-1-34 所示。

图 2-1-34　文本标注编辑

（4）选中数据容器面板的文本容器，拖动到右侧空白区域，设置文本容器工具的属性并调整大小和位置，如图 2-1-35 所示。

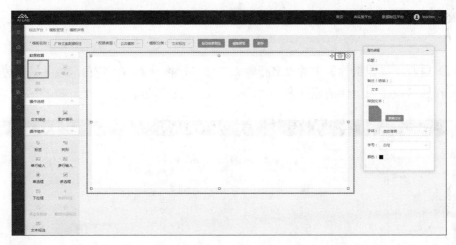

图 2-1-35　文本容器工具

（5）选择"操作组件"中的"单行输入"组件，拖动到右侧空白区域并调整位置和大小，设置单行输入工具的属性名为"标题"，如图 2-1-36 所示。

图 2-1-36　单行输入工具

（6）选择"操作组件"中的"单行输入"组件，拖动到右侧空白区域并调整位置和大小，设置单行输入组件的属性名为"广告语"，如图2-1-37所示。

图2-1-37　广告语

（7）选择"操作组件"中的"多行输入"组件，拖动到右侧空白区域并调整位置和大小，设置多行输入组件的属性名为"广告正文"，如图2-1-38所示。

图2-1-38　广告正文

（8）选择"操作组件"中的"多行输入"组件，拖动到右侧空白区域并调整位置和大小，设置多行输入组件的属性名为"广告文案创意分析"，"是否必填"改为"否"，如图2-1-39所示。

（9）单击"保存"按钮保存当前编辑好的广告文案数据标注工具平台，显示保存成功提示信息。单击"模板预览"按钮可以查看当前编辑好的广告文案数据标注工具平台，如图2-1-40所示。

（10）单击AILAB数据标注平台左侧的"工具管理"按钮进入"工具管理"界面，单击"新增模板工具"按钮，编写好"新增模板工具"对话框信息，选择模板为当前编辑好的"广告文案数据标注"，如图2-1-41所示，单击"确定"按钮。

图 2-1-39　广告文案创意分析

图 2-1-40　保存广告文案数据标注工具

图 2-1-41　新增模板工具

（11）单击界面左侧的"应用首页"按钮打开"应用首页"界面，如图 2-1-42 所示。

图 2-1-42 应用首页

（12）单击"添加新标注工具"按钮，添加刚创建好的广告文案数据标注工具，如图 2-1-43 所示，单击"确定"按钮。

图 2-1-43 添加广告文案数据标注工具

2. 新建任务，导入数据

（1）单击 AILAB 数据标注平台左侧的"任务管理"按钮进入"任务管理"界面，单击"添加新任务"按钮，如图 2-1-44 所示。

图 2-1-44　任务管理

（2）进入"任务新建"界面，选择标注工具为刚创建的"广告文案数据标注"，任务名称为"广告文案数据标注"，编写数据描述信息，上传方式为"文件上传"，导入要标注的文本文件，格式为 zip 格式，最大不超过 500MB，如图 2-1-45 所示。

图 2-1-45　填写任务信息

（3）单击"下一步"按钮进入"配置任务信息"界面，填写配置任务的相关信息，如图 2-1-46 所示。

（4）单击"完成任务创建"按钮，显示任务创建成功提示信息，如图 2-1-47 所示。

（5）单击"开始分配"按钮将标注任务分配给标注员，单击"导入成员"按钮导入标注员信息，单击"分配"按钮，分配任务量为 2，也可以批量分配任务或批量移出，如图 2-1-48 所示。

图 2-1-46　配置任务信息

图 2-1-47　创建任务成功

图 2-1-48　分配任务

3. 广告数据标注

（1）使用"标注员"账号登录 AILAB 数据标注平台，进入"任务池"界面，显示出刚刚建立的广告文案数据标注任务，如图 2-1-49 所示。

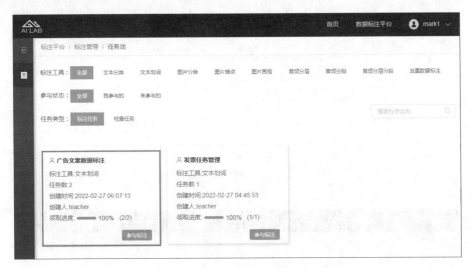

图 2-1-49 "任务池"界面

（2）单击"参与标注"按钮进入广告文案数据标注任务，可以看到左侧任务窗格中有两条任务，选择第一条任务，如图 2-1-50 所示。

图 2-1-50 广告文案数据标注任务

（3）在广告文案中选择广告语、标题、广告正文等信息分别填在右侧相应的文本框中，麦斯威尔广告数据标注如图 2-1-51 所示。

（4）单击"下一条"按钮或者在任务列表中选择序号 2 切换到任务 2，美缘九果原浆数据标注任务如图 2-1-52 所示。

（5）在广告文案中选择广告语、标题、广告正文等信息分别填在右侧相应的文本框中，美缘九果原浆数据标注如图 2-1-53 所示。

图 2-1-51　麦斯威尔广告数据标注

图 2-1-52　美缘九果原浆任务

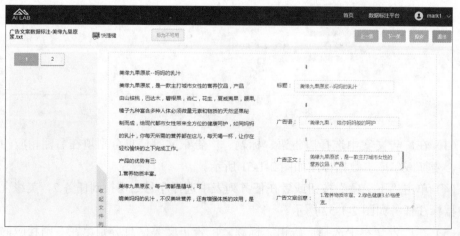

图 2-1-53　美缘九果原浆数据标注

（6）标注完毕，单击"提交"按钮。提交数据标注任务界面如图 2-1-54 所示。

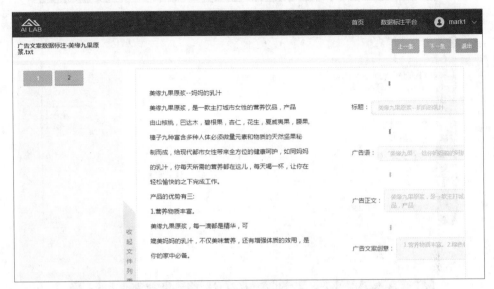

图 2-1-54　提交数据标注任务

4. 检查数据

（1）使用"应用管理员"账号登录 AILAB 数据标注平台，单击"任务管理"模块，单击"分配"按钮，如图 2-1-55 所示。

图 2-1-55　分配任务

（2）进入"任务分配"界面，单击"检查成员"按钮，导入检查成员，给检查员分配任务量，如图 2-1-56 所示。

（3）使用"检查员"账号登录 AIALB 数据标注平台，在任务列表中单击"参与检查"按钮，开始检查任务，进入"检查标注"界面，如图 2-1-57 所示。

（4）检查时，可以查看标注员的标注结果，标注错误的数据需要单击"错误"按钮进行打回，原始数据有问题的可以单击"标为不可用"按钮，单击"上一条"和"下一条"按钮切换标注数据。检查完成后单击"提交"按钮提交检查结果，如图 2-1-58 所示。

图 2-1-56　检查员任务分配

图 2-1-57　"检查标注"界面

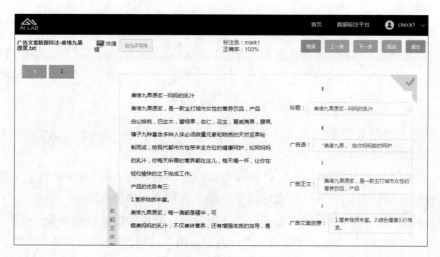

图 2-1-58　检查标注数据

5．验收与导出

（1）使用"应用管理员"账号登录 AILAB 数据标注平台，单击"任务管理"模块，广告文案数据标注任务中可以进行归档、导出、继续添加、移除等操作，任务列表界面如图 2-1-59 所示。

图 2-1-59　"任务管理"界面

（2）单击"归档"按钮后任务将不可更改。单击"导出"按钮，在"导出信息确认"对话框中选择导出结果类型和导出文件格式，如图 2-1-60 所示。

图 2-1-60　导出信息确认

（3）单击"确定"按钮，系统将下载标注结果数据到本地，在导出记录中可以查看相应的记录，如图 2-1-61 所示。

图 2-1-61　导出数据

6. 实施评价表

任务编号	1-2		任务名称		广告文案数据标注	
评量项目			自我评价	质检评价	教师评价	
实训过程评价	学习态度（20分）					
	沟通合作（10分）					
	回答问题（5分）					
实训效果评价	任务管理（20分）					
	数据标注（30分）					
	数据质检（15分）					
学生签字		质检签字		教师签字		年　月　日
参考评价标准						
项目		A	B		C	
实训过程评价	学习态度（20分）	具有良好的价值观、缜密严谨的科学态度和爱岗敬业、履职尽职的职业精神	具有正确的价值观、缜密严谨的科学态度和履职尽职的职业精神		具有正确的价值观和爱岗敬业、履职尽职的职业精神	
	沟通合作（10分）	具有很好的沟通能力，在小组学习中具有很强的团队合作能力	具有良好的沟通能力，在小组学习中具有良好的团队合作能力		具有较好的沟通能力，在小组学习中具有较好的团队合作能力	
	回答问题（5分）	积极、踊跃地回答问题，且全部正确	比较积极踊跃地回答问题，且基本正确		能够回答问题，且基本正确	
实训效果评价	任务管理（20分）	合格率98%以上	合格率95%～97%		合格率93%～94%	
	数据标注（30分）	合格率98%以上	合格率95%～97%		合格率93%～94%	
	数据质检（15分）	合格率98%以上	合格率95%～97%		合格率93%～94%	

实例 3 关键字数据标注

实例 3 操作视频

1. 搭建数据标注模板

（1）使用"应用管理员"账号登录 AILAB 数据标注平台，单击界面左侧的"模板管理"按钮，进入"模板管理"界面，如图 2-1-62 所示。

图 2-1-62 数据标注模板管理

（2）单击"新建模板"按钮，在弹出的"新建模板"对话框中输入模板名称、权限类型、模板分类，如图 2-1-63 所示，单击"保存"按钮。

图 2-1-63 新建模板

（3）在创建好的关键字数据标注模板中单击"编辑"按钮，如图 2-1-64 所示。

（4）进入关键字数据标注模板，选中"操作说明"面板中的"文本描述"工具，拖动到右侧空白区域，设置文本描述工具的属性并调整大小和位置，如图 2-1-65 所示。

图 2-1-64　文本标注编辑

图 2-1-65　文本描述工具

（5）选中"数据容器"面板中的文本容器，拖动到右侧空白区域，设置文本容器工具的属性并调整大小和位置，如图 2-1-66 所示。

图 2-1-66　文本容器工具

（6）选择"操作组件"中的"文本标注"工具，拖动到右侧空白区域并调整位置和大小，设置文本标注工具的"编辑属性"文本框内容为"关键字 1""关键字 2""关键字 3"，单击"添加选项"按钮可以添加多个属性，"是否支持自定义属性"设置为"是"，后期进行数据标注时可以由用户自定义属性，如图 2-1-67 所示。

图 2-1-67　文本标注工具

（7）单击"保存"按钮保存当前关键字文本标注工具模板，如图 2-1-68 所示。

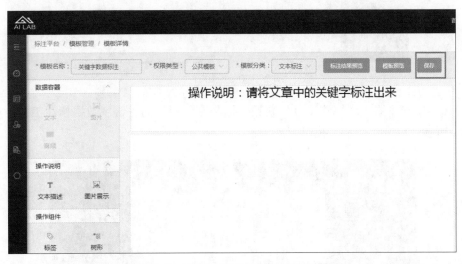

图 2-1-68　保存关键字文本标注工具模板

（8）单击 AILAB 数据标注平台左侧的"工具管理"按钮进入"工具管理"界面，单击"新增模板工具"按钮，编写好"新增模板工具"对话框信息，选择模板为当前编辑好的发票数据标注工具，如图 2-1-69 所示，单击"确定"按钮。

（9）单击界面左侧的"应用首页"按钮打开"添加标注工具"界面，如图 2-1-70 所示。

图 2-1-69　新增模板工具

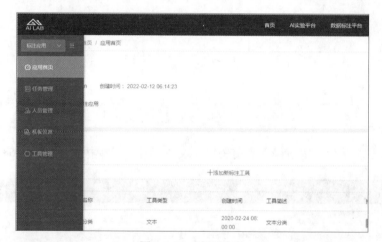

图 2-1-70　应用首页

（10）单击"添加新标注工具"按钮，添加刚创建好的关键字数据标注工具，如图 2-1-71 所示，单击"确定"按钮。

图 2-1-71　添加新数据标注工具

2. 新建任务，导入数据

（1）单击 AILAB 数据标注平台左侧的"任务管理"按钮进入"任务管理"界面，单击"添加新任务"按钮，如图 2-1-72 所示。

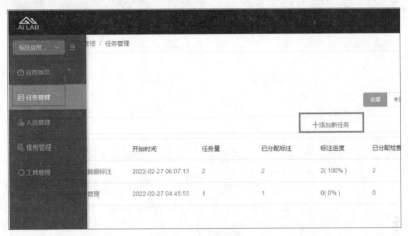

图 2-1-72　任务管理

（2）进入"任务新建"界面，选择标注工具为"关键字数据标注"，任务名称为"关键字数据标注"，编写数据描述信息，上传方式为"文件上传"，导入要标注的文本文件，格式为 zip 格式，最大不超过 500MB，如图 2-1-73 所示。

图 2-1-73　填写任务信息

（3）单击"下一步"按钮进入"配置任务信息"界面，填写配置任务的相关信息，如图 2-1-74 所示。

图 2-1-74　配置任务信息

（4）单击"完成任务创建"按钮，显示任务创建成功提示信息，如图 2-1-75 所示。

图 2-1-75　创建完成

（5）单击"开始分配"按钮，将标注任务分配给标注员，单击"导入成员"按钮，导入标注员信息后可以批量分配任务，也可以批量移出，如图 2-1-76 所示。

图 2-1-76 分配任务

3. 关键字数据标注

（1）使用"标注员"账号登录 AILAB 数据标注平台，进入"任务池"界面，显示出刚刚建立的关键字数据标注任务，如图 2-1-77 所示。

图 2-1-77 参与标注

（2）单击"参与标注"按钮进入关键字数据标注任务，如图 2-1-78 所示。

（3）在文章中选择文本"人工智能"，在文本标注工具中选择属性为"关键字 1"，如图 2-1-79 所示。

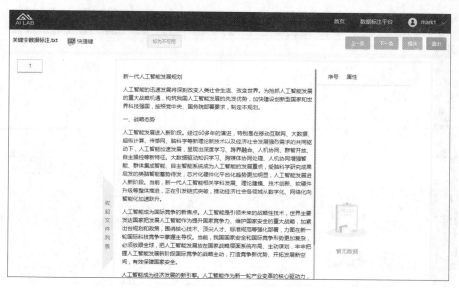

图 2-1-78　关键字数据标注任务

图 2-1-79　人工智能关键字标注

（4）在文章中依次选择其他关键字文本，文本标注工具中会自动弹出其他属性，依次选择属性为"关键字 2"和"关键字 3"等，也可以自定义属性，选中文本标注工具中的序号复选框可以显示出当前所有标注的黄色底纹关键字，如图 2-1-80 所示。

（5）标注完毕后，单击"提交"按钮退出任务。

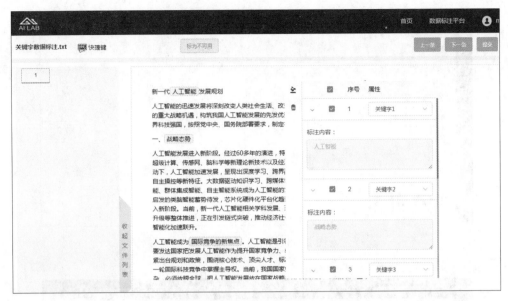

图 2-1-80 关键字数据标注

4. 检查数据

（1）使用"应用管理员"账号登录 AILAB 数据标注平台，单击"任务管理"模块，单击"分配"按钮，如图 2-1-81 所示。

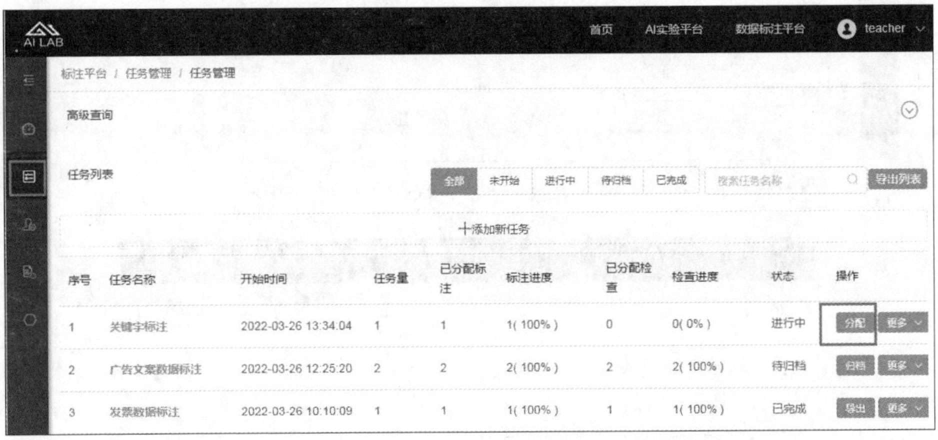

图 2-1-81 分配检查任务

（2）进入"任务分配"界面，单击"检查成员"按钮，导入检查成员，给检查员分配任务，如图 2-1-82 所示。

（3）使用"检查员"账号登录 AIALB 数据标注平台，在任务列表中单击"参与检查"按钮，开始检查任务，进入"检查标注"界面，如图 2-1-83 所示。

（4）检查时，可以查看标注员的标注结果，标注错误的数据需要单击"错误"按钮进行打回，原始数据有问题的可以单击"标为不可用"按钮，单击"上一条"和"下一条"按钮切换标注数据。检查完成后单击"提交"按钮提交检查结果，如图 2-1-84 所示。

图 2-1-82　检查员任务分配

图 2-1-83　"检查标注"界面

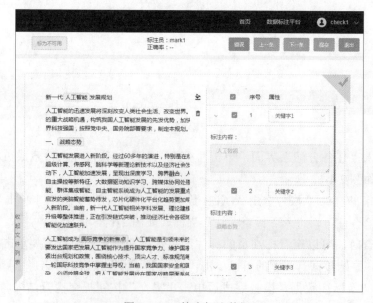

图 2-1-84　检查标注数据

5. 验收与导出

（1）使用"应用管理员"账号登录 AILAB 数据标注平台，在对应任务中可以进行归档、导出、继续添加、移除等操作，如图 2-1-85 所示。

图 2-1-85 "任务管理"界面

（2）单击"归档"按钮后任务将不可更改。单击"导出"按钮，在"导出信息确认"对话框中选择导出结果类型和导出文件格式，如图 2-1-86 所示。

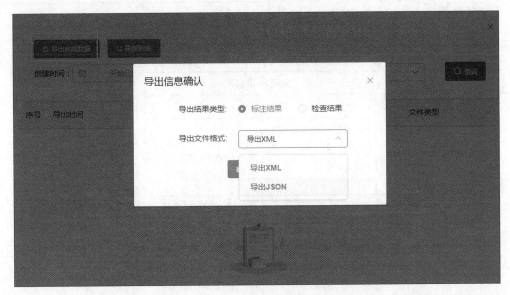

图 2-1-86 "导出信息确认"对话框

（3）单击"确定"按钮，系统将下载标注结果数据到本地，在导出记录中可以查看相应的记录，如图 2-1-87 所示。

图 2-1-87　导出数据

6. 实施评价表

任务编号	1-3		任务名称	关键字数据标注	
评量项目			自我评价	质检评价	教师评价
实训过程评价	学习态度（20分）				
	沟通合作（10分）				
	回答问题（5分）				
实训效果评价	任务管理（20分）				
	数据标注（30分）				
	数据质检（15分）				
学生签字		质检签字		教师签字	年　月　日
参考评价标准					
项目		A	B	C	
实训过程评价	学习态度（20分）	具有良好的价值观、缜密严谨的科学态度和爱岗敬业、履职尽职的职业精神	具有正确的价值观、缜密严谨的科学态度和履职尽职的职业精神	具有正确的价值观和爱岗敬业、履职尽职的职业精神	
	沟通合作（10分）	具有很好的沟通能力，在小组学习中具有很强的团队合作能力	具有良好的沟通能力，在小组学习中具有良好的团队合作能力	具有较好的沟通能力，在小组学习中具有较好的团队合作能力	
	回答问题（5分）	积极、踊跃地回答问题，且全部正确	比较积极踊跃地回答问题，且基本正确	能够回答问题，且基本正确	
实训效果评价	任务管理（20分）	合格率98%以上	合格率95%～97%	合格率93%～94%	
	数据标注（30分）	合格率98%以上	合格率95%～97%	合格率93%～94%	
	数据质检（15分）	合格率98%以上	合格率95%～97%	合格率93%～94%	

思考与练习

理论题

1．什么是文本数据标注？

2．文本数据标注有哪些应用领域？

3．文本数据标注的基本流程是怎样的？

实训题

1．搭建数据标注平台，导入数据，进行发票数据标注。

2．搭建数据标注平台，导入数据，进行广告文案数据标注。

3．搭建数据标注平台，导入数据，进行关键字数据标注。

项目 2

语音数据标注实训

项目导读

伴随着人工智能落地进程的不断加速，人工智能在我们的生活中早已屡见不鲜。如今，各种智能语音助手、人脸识别等无不是人工智能成熟应用的标志。智能语音作为人工智能应用最为广泛的场景，实现了人与机器以语言为纽带的通信，人类大脑皮层每天处理的信息中声音信息占 20%，它是沟通最重要的纽带。在这些背后，数据及数据标注发挥着重要作用，作为数据标注类型之一的语音标注更是得到了广泛应用。

思政目标

★ 树立正确的价值观，培养高度的社会责任感。

★ 培养缜密严谨的科学态度和刻苦钻研的探索精神。

教学目标

★ 了解语音数据标注的发展现状及应用领域。

★ 掌握语音数据标注的基本规范、技术及流程。

思维导图

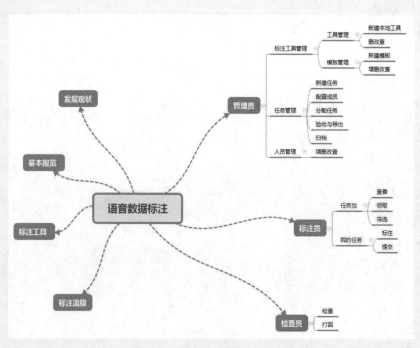

👉 **实施任务单**

任务编号	项目 2	任务名称	语音数据标注
任务简介	使用 AILAB 数据标注平台创建语音标注工具，进行智能家居语音数据标注和智能导航语音数据标注任务，并对标注的语音数据进行质检，最终提交任务		
设备环境	台式机或笔记本，建议 Windows 10 操作系统		
实施专业		实施班级	
实施地点		小组成员	
指导教师		联系方式	
任务难度		实施日期	
任务要求	1. 管理员 （1）创建智能家居语音、智能导航语音数据标注模板并新增本地工具。 （2）新建标注任务，分配标注员和检查员任务，最后对标注后的数据进行验收和导出。 2. 标注员 （1）在任务池中领取数据标注任务。 （2）完成对智能家居语音数据、智能导航语音数据的标注。 3. 检查员 （1）在任务池中领取数据检查任务。 （2）完成对智能家居语音数据、智能导航语音数据的检查，打回不合格的标注数据		

模块 1　语音数据标注概述

语音数据标注是数据标注行业中一种比较常见的标注类型，标注后的数据主要用于人工智能机器学习，应用在语音识别、对话机器人等领域。语音标注工作是人工智能化的重要基础，是所有基础数据的来源，同时也是数学概率的完美表现之一，正确率高的识别系统一般对应着大数据量的人工标注数据，因此标注工作相当于将人工智慧转化为机器智慧，如果说声音点亮生活，那么标注将汇聚智慧，智慧生活。工信部高度重视智能语音产业的发展，出台规划措施，协调各方资源，建立专项资金，支持产业的可持续发展。

2.1　语音数据标注发展现状

随着人工智能的快速发展，语音识别技术已经运用到了我们的日常生活中。手机上的语音助手就是利用了语音识别技术，可以把语音转换为文字，自动驾驶汽车中也出现了语言控制的功能，这些都依靠着人机交互中的语音识别技术。

在语音识别技术中，最直接的数据标注类型就是语音标注。语音标注主要分为两大类：语音转写和语音识别。

语音转写主要是将语音中包含的文字信息和各种声音"提取"出来，进行转写或合成。现在很多标注平台都已经能够依靠机器识别出部分内容，具备了一定的自动识别功能。比如在使用微信时，语音可以转换为文字；在京东、天猫等网络平台中跟客服沟通时可以直接说出问题，平台给予对应的解决方案。这些都需要前期大量的人工去标记这些"说出的话"所对应的"文字"，采用人工的方式一点点去修正语音和文字间的误差。

语音识别是人机交互的基础，是目前人工智能应用最成功的技术。语音识别的应用场景非常广泛，目前主要应用在车联网、智能翻译、智能家居、自动驾驶等方面。比如在使用汽车导航时，通过语音来设置出发地和目的地，提出各种路况问题；在面对各类方言、不同国家的语言时通过智能录音笔可以进行快速识别。

标注后的数据主要用于人工智能机器学习，相当于给计算机系统安装上了"耳朵"，使计算机能实现精准的语音识别，并且去执行。

2.2　语音数据标注基本规范

1. 确定是否包含有效语音

无效语音：指不包含有效语音的类型。

（1）非有效的可懂语音（听不清或听不懂的方言、其他国家语言等）。

（2）环境噪音较高（完全听不清音频中的内容或音频中的内容比较模糊）。

（3）多人同时说话（多人在同一个内容区域中的对话或聊天，谈话内容超过 3 个字以上听不清楚或者被噪音遮盖）。

（4）主体人声音的前面、后面或中间有一段安静或噪声等非人声，长度在 2 秒以上。

（5）音频全是静音、噪音、音乐或者单一的语气词，如嗯、啊等。

有效语音：其他都是有效的。

2. 确定说话人性别

如果在该语音中有多个人说话，则标注出说话人的性别，男、女、童声（指小孩子正非常稚嫩的声音，大概是在 5 岁以下的范围，大孩子的声音归到男女声音中）、其他（没有人声或者男女混声）。

3. 确定语音的噪声情况

常见的噪声包括但不限于主体人物以外其他人的说话声、走路声、咳嗽声。此外，雷雨声、动物叫声、背景音乐声、汽车鸣笛声等也包括在内。

4. 语音内容

（1）文字与声音完全对应，不能多字、少字、错字，不要试图修正发音过程中的语法错误，例如"我来了"误读成了"我了来"，要按照实际发音书写。

（2）如果有多人说话，则标注出第一个人说话是否包含口音。常见情况包括 n 和 l 不分、h 和 f 不分、n 和 ng 不分、e 和 uo 不分、前后鼻音、平翘舌，以及其他情况。

（3）因口音问题造成的误读，不需要修改。例如因为口音问题使得"四十"听起来像"事十"，则不需要修改。

（4）当方言属于接近普通话的发音，个别内容听不懂时，接近普通话的部分作为口音直接转写内容，听不懂的部分作为方言处理。

（5）明显的儿化音、填充语气词，必须标注出来。

（6）所有阿拉伯数字需要转写为对应语言的数字文字写法，如一、二，其中注意区分"一"和"幺"，"二"和"两"。

（7）所有读出来的标点符号都要直接用对应字或词在相应位置写出。例如"领导："，如果"："被读出，则写成"领导冒号"。

（8）句子断句不使用标点符号，除固定噪音类型外，不间隔。

（9）中文中出现英语单词按照单词习惯出现格式转写即可。例如 apple、Paris。

（10）非单词的英文（包括缩写及无意义的字母组合）用大写英文字母标注，字母间加空格，如 M A R C，文本中不允许出现全部由大写字母组成的单词。

（11）发现听得比较清楚，但是语义不确定，发音可以确定，比如普通人名等，可以选择同音字代替，但需要保证标注读音正确，包括音调正确。

2.3　语音数据标注工具

工欲善其事，必先利其器。标注工具是数据标注行业的基础，一款好用的标注工具是提升标注效率与产出高质量标注数据的关键。下面对常用的语音数据标注工具进行介绍。

1. 深延科技智能数据标注平台

深延科技自主研发的智能数据标注平台是一个 AI 半自动化数据标注平台。通过机器学习技术和深度学习技术，结合自主研发的 SaaS 数据标注系统、AI 智能质检系统，对需要处理的数据进行清洗、任务分配、智能预标注、智能质检，实现半自动化的数据标注和质检，大幅提升标注速度、减少质检工作量、降低人力成本。

2. 京东众智数据标注平台

京东众智平台推出 Pre-AI 解决方案，将人工和智能结合，通过离线＋实时数据标注处理，最大程度提升数据准确率和安全性，可以在一个星期内实现传统数据标注模式下两个月才能达到的效果，并在场景工作中不断积累、获取数据。值得一提的是 Pre-AI 解决方案的数据标注准确率可以达到 99%。

3. 曼孚科技 SEED 数据标注平台

以语音标注为例，预标注技术的加持可以让工具自动识别语音，在独有算法的支持下，自动识别的准确率可以达到 90% 以上。标注员只需要在预标注的结果上略作修改即可，极大地提高了工作效率。

4. Praat 语音标注工具

Praat 也是目前比较流行和专业的语音处理软件，可以进行语音数据标注、语音录制、语音合成、语音分析等，具有免费、占用空间小、通用性强、可移植性好等特点。Praat 功能强大，但是用作语音标注操作并不简便，难以对大批量的语音数据做好管理。

5. 讯飞 AILAB 数据标注平台

AILAB 数据标注平台是由科大讯飞公司开发的一款人工智能实验平台，提供音频、视频、文本、图片等方向的资源标注及预加工处理服务，为人工智能行业提供一站式数据服务解决方案。

AILAB 数据标注平台为了满足各种个性化的标注需求，提供了丰富的标注工具，支持文本、图像、音频数据的标注。一个标注工具就对应一个标注界面，用于完成用户创建的某类标注任务，标注员使用标注工具对数据进行标注，检查员使用标注工具对标注员的标注结果进行检查、校正或打回。标注平台不仅内置了丰富的标注工具，超级管理员和应用管理员还可以对标注工具进行编辑、删除、管理等操作。

2.4 语音数据标注流程

语音数据标注流程分为获取音频文件、展示波形图、选择标注区域、听取音频、填写标注内容、将标注音频打包、完成标注等步骤，如图 2-2-1 所示。

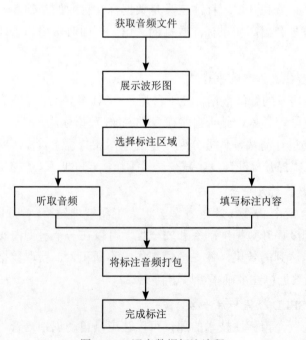

图 2-2-1 语音数据标注流程

（1）获取音频文件：根据语音数据的规范要求，进行频谱分析，提取出声音的语音特征信息，获取符合条件的音频文件。

（2）展示波形图：将音频文件数据化，提取其中的音频特征。

（3）选择标注区域：在音频中找到符合条件的声波区域后对音频进行标注。

①听取音频：对音频进行有效语音的截取。

②填写标注内容：标注员将听到音频里的声音转写出来，加上对应的标签，此项工作对标注员的听力要求较高。

（4）将标注音频打包：利用技术处理成客户需要的格式。

（5）完成标注：完成此项语音标注工作。

科大讯飞 AILAB 数据标注平台的数据标注流程如图 2-2-2 所示。

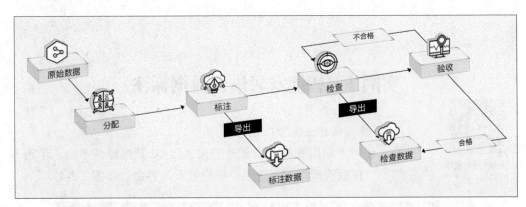

图 2-2-2　AILAB 数据标注流程

模块 2　语音数据标注实例

语音数据标注主要是将音频样本里的声音转写出来，转写后加上对应的标签。语音数据标注是需要花费较多时间去完成的，要一条一条语音去听，所以语音数据标注相比文本和图像数据标注对标注员的听力要求较高，这样在转写的时候才能保证准确率，可以更好地完成数据标注任务。

本书中语音数据标注实例将在科大讯飞 AILAB 数据标注平台上操作，AILAB 数据标注平台的主要操作步骤为：搭建数据标注平台、新建数据标注实验并导入数据、对语音进行数据标注、检查标注数据、验收与导出数据，如图 2-2-3 所示。

```
┌─────────────────────┐
│   搭建数据标注平台      │
└─────────────────────┘
          ↓
┌─────────────────────┐
│  新建数据标注实验       │
│    并导入数据          │
└─────────────────────┘
          ↓
┌─────────────────────┐
│  对语音进行数据标注     │
└─────────────────────┘
          ↓
┌─────────────────────┐
│   检查标注数据         │
└─────────────────────┘
          ↓
┌─────────────────────┐
│   验收与导出数据        │
└─────────────────────┘
```

图 2-2-3　AILAB 语音数据标注操作步骤

实例 1　智能家居语音数据标注

实例 1 操作视频

1. 搭建音频标注实验平台

（1）使用"应用管理员"账号登录 AILAB 数据标注平台，单击界面左侧的"模板管理"按钮进入"模板管理"界面，如图 2-2-4 所示。

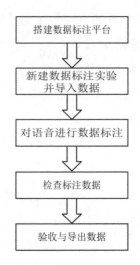

图 2-2-4　数据标注模板管理

（2）单击"新建模板"按钮，在弹出的"新建模板"对话框中输入模板名称、权限类型、模板分类，单击"保存"按钮，如图 2-2-5 所示。

（3）在创建好的智能家居语音数据标注模板中单击"编辑"按钮，如图 2-2-6 所示。

（4）进入音频标注模板编辑界面，在左侧任务窗格中有"数据容器"工具、"操作说明"工具、"操作组件"工具，选择"数据容器"工具中的"音频"工具，拖动到右侧的空白区域，适当调整图像工具的大小和位置，音频容器工具拖动后变成灰色按钮，该工具的主要作用是为了后期导入音频数据，如图 2-2-7 所示。

图 2-2-5　新建音频标注模板

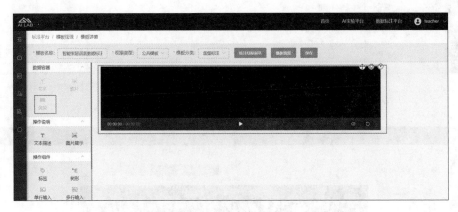

图 2-2-6　编辑音频标注模板

图 2-2-7　音频标注容器

（5）单击音频容器右上角的"属性设置"按钮，弹出"属性编辑"对话框，在其中可以编辑标题、备注、样例音频，如图 2-2-8 所示。

（6）根据不同实例的要求选择适合的操作组件工具，本例中选择"操作组件"中的"单选框"工具，将工具拖动到工作台的适当位置，调整其大小，单击"单选框"界面右上角的"属性设置"按钮，弹出"属性编辑"对话框，在其中设置单选框相关属性，如图 2-2-9 所示。

（7）选择"操作组件"中的"多选框"工具，将工具拖动到工作台的适当位置，调整其大小，单击"多选框"界面右上角的"属性设置"按钮，弹出"属性编辑"对话框，在其中设置多选框相关属性，如图 2-2-10 所示。

图 2-2-8　音频容器属性设置

图 2-2-9　单选框属性设置

图 2-2-10　多选框属性设置

（8）选择"操作组件"中的"音频分段标注"工具，将工具拖动到工作台的适当位置，调整其大小，单击"音频分段标注"界面右上角的"属性设置"按钮，弹出"属性编辑"对话框，在其中设置音频分段标注相关属性，如图 2-2-11 所示。

图 2-2-11　音频分段标注属性设置

（9）单击"保存"按钮保存当前编辑完成的音频标注模板，在操作中可以进行模板预览，如图 2-2-12 所示。

图 2-2-12　保存音频标注模板

（10）单击数据标注平台界面左侧的"工具管理"按钮，单击"新增模板工具"按钮，在弹出的"新增模板工具"对话框中输入工具名称、工具权限、标注分类、选择模板和工具描述，单击"确定"按钮，如图 2-2-13 所示。

（11）单击数据标注平台界面左侧的"应用首页"按钮打开"应用首页"界面，如图 2-2-14 所示。

（12）单击"添加新标注工具"按钮，添加智能家居语音数据标注工具，如图 2-2-15 所示。

图 2-2-13　新增模板工具

图 2-2-14　应用首页

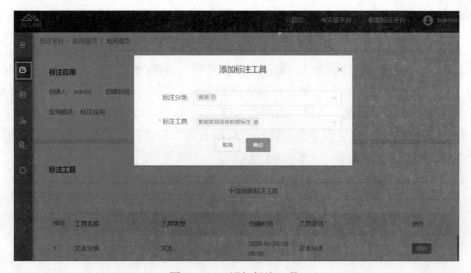

图 2-2-15　添加标注工具

2. 新建音频标注任务，导入数据

（1）单击 AILAB 界面左侧的"任务管理"按钮进入"任务管理"界面，单击"添加新任务"按钮，如图 2-2-16 所示。

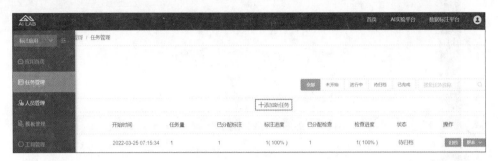

图 2-2-16　添加新任务

（2）进入任务信息界面，填写标注工具为"智能家居语音数据标注"，任务名称为"智能家居语音数据标注"，数据描述内容自定，最后导入文件，要求上传格式为 zip 格式，最大不超过 500MB，如图 2-2-17 所示。

图 2-2-17　编写任务信息

（3）单击"下一步"按钮进入"配置任务信息"界面，对配置任务信息进行配置，如图 2-2-18 所示。

（4）单击"完成任务创建"按钮，显示任务创建成功信息，如图 2-2-19 所示。

（5）单击"开始分配"按钮进入"任务分配"界面，单击"导入成员"按钮，导入标注员，对其进行任务分配，可以批量分配任务，也可以移出，如图 2-2-20 所示。

图 2-2-18 配置任务信息

图 2-2-19 创建任务信息

图 2-2-20 导入标注员并分配任务

3．音频数据标注

（1）使用"标注员"账号登录 AILAB 数据标注平台，进入"任务池"界面，显示出刚建立的"智能家居语音数据标注"任务，如图 2-2-21 所示。

图 2-2-21　"任务池"界面

（2）单击"参与标注"按钮进入"智能家居语音数据标注"界面，如图 2-2-22 所示。

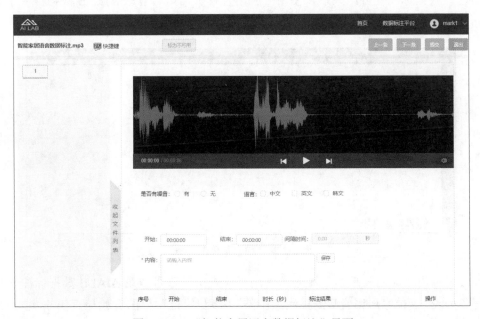

图 2-2-22　"智能家居语音数据标注"界面

（3）在音频容器中标注员选择要标注的控件和内容，在本例中，单选框"是否有噪音"标注为"有"，复选框"语言"标注为"中文"，在音频容器中可以选择需要标注的音频部分，完成后在音频分段标注控件中可以显示截取开始和结束的时间，标注员标注出音频选择部分的文字内容，该任务标注完毕，单击"保存"按钮即可看到标注结果，最后单击"提交"按钮，如图 2-2-23 所示。

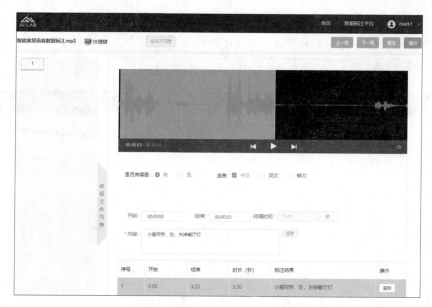

图 2-2-23　智能家居语音数据标注

4. 检查数据

（1）数据标注任务结束后，使用"应用管理员"账号登录 AILAB 数据标注平台，单击"任务管理"按钮，切换到检查成员，导入检查员并分配任务，如图 2-2-24 所示。

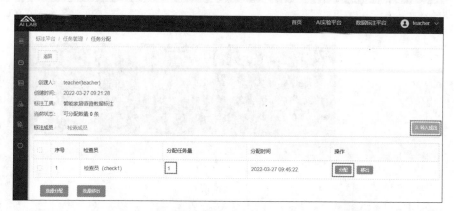

图 2-2-24　检查员分配任务

（2）退出"应用管理员"账号，使用"检查员"账号登录 AIALB 数据标注平台，在任务列表"智能家居语音数据标注"中单击"参与检查"按钮，开始检查任务，进入"检查标注"界面，如图 2-2-25 所示。

（3）检查时，检查员可以查看标注员的标注结果，对标注错误数据需要单击"错误"按钮进行打回，原始数据有问题的可以单击"标为不可用"按钮，单击"上一条"和"下一条"按钮切换标注数据。检查完成后单击"提交"按钮提交检查结果，如图 2-2-26 所示。

5. 验收与导出

（1）使用"应用管理员"账号登录 AILAB 数据标注平台，在"任务管理"界面中可以对数据标注任务进行归档、导出、继续添加、移除等操作，如图 2-2-27 所示。

图 2-2-25　"检查标注"界面

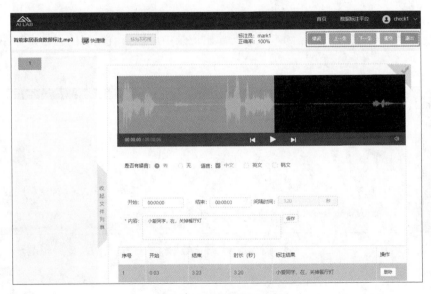

图 2-2-26　检查标注数据

图 2-2-27　"任务管理"界面

（2）单击"归档"按钮后任务将不可更改。单击"导出"按钮，在弹出的"导出信息确认"对话框中可以选择导出结果类型和导出文件格式，根据实例需要选择相应的内容并单击"确定"按钮，如图 2-2-28 所示。

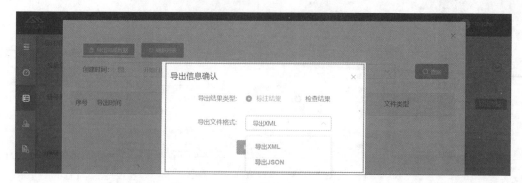

图 2-2-28　"导出信息确认"对话框

（3）将下载标注结果保存到本地，在导出记录中可以查看相应的记录，如图 2-2-29 所示。

图 2-2-29　导出数据

6. 实施评价表

任务编号	2-1		任务名称	智能家居语音数据标注	
	评量项目		自我评价	质检评价	教师评价
实训过程评价	学习态度（20 分）				
	沟通合作（10 分）				
	回答问题（5 分）				
实训效果评价	任务管理（20 分）				
	数据标注（30 分）				
	数据质检（15 分）				
学生签字		质检签字		教师签字	年　月　日

参考评价标准				
项目		A	B	C
实训过程评价	学习态度（20分）	具有良好的价值观、缜密严谨的科学态度和爱岗敬业、履职尽职的职业精神	具有正确的价值观、缜密严谨的科学态度和履职尽职的职业精神	具有正确的价值观和爱岗敬业、履职尽职的职业精神
	沟通合作（10分）	具有很好的沟通能力，在小组学习中具有很强的团队合作能力	具有良好的沟通能力，在小组学习中具有良好的团队合作能力	具有较好的沟通能力，在小组学习中具有较好的团队合作能力
	回答问题（5分）	积极、踊跃地回答问题，且全部正确	比较积极踊跃地回答问题，且基本正确	能够回答问题，且基本正确
实训效果评价	任务管理（20分）	合格率98%以上	合格率95%～97%	合格率93%～94%
	数据标注（30分）	合格率98%以上	合格率95%～97%	合格率93%～94%
	数据质检（15分）	合格率98%以上	合格率95%～97%	合格率93%～94%

实例 2　智能导航语音数据标注

实例 2 操作视频

1. 搭建音频标注实验平台

（1）使用"应用管理员"账号登录 AILAB 数据标注平台，单击界面左侧的"模板管理"按钮进入"模板管理"界面，如图 2-2-30 所示。

图 2-2-30　数据标注模板管理

（2）单击"新建模板"按钮，在弹出的"新建模板"对话框中输入模板名称、权限类型、模板分类，单击"保存"按钮，如图 2-2-31 所示。

（3）在创建好的"智能导航语音数据标注"模板中单击"编辑"按钮，如图 2-2-32 所示。

（4）进入音频标注模板编辑界面，在左侧任务窗格中有"数据容器"工具、"操作说明"工具、"操作组件"工具，选择"数据容器"工具中的"音频"工具，拖动到右侧的空白区域，适当调整工具的大小和位置，音频容器工具拖动后变成灰色按钮，该工具的主要作用是为了后期导入音频数据，如图 2-2-33 所示。

图 2-2-31 新建音频标注模板

图 2-2-32 编辑音频标注模板

图 2-2-33 音频标注容器

（5）单击"音频容器"界面右上角的"属性设置"按钮，弹出"属性编辑"对话框，在其中可以编辑标题、备注、样例音频，如图 2-2-34 所示。

（6）根据不同实例的要求选择适合的"操作组件"工具，本例中选择"操作组件"中的"多行输入"工具，将工具拖动到工作台的适当位置，调整其大小，单击"多行输入"界面右上角的"属性设置"按钮，弹出"属性编辑"对话框，设置多行输入的相关属性，如图 2-2-35 所示。

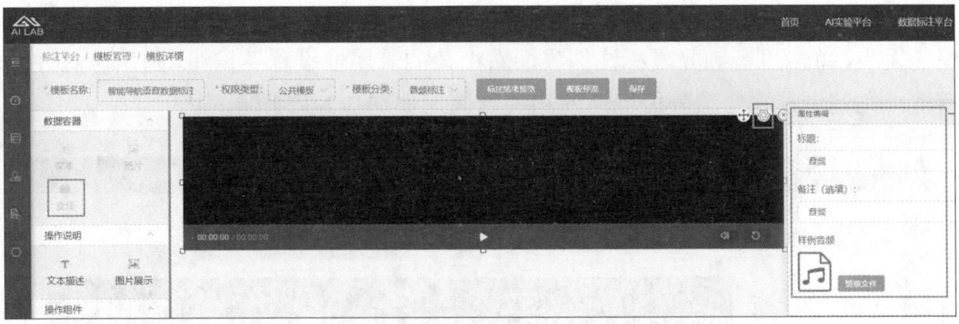

图 2-2-34 音频容器属性设置

图 2-2-35 多行输入属性设置

（7）选择"操作组件"中的"单选框"工具，将工具拖动到工作台的适当位置，调整其大小，单击"单选框"界面右上角的"属性设置"按钮，弹出"属性编辑"对话框，在其中设置单选框的相关属性，如图 2-2-36 所示。

图 2-2-36 单选框属性设置

（8）选择"操作组件"中的"音频分段标注"工具，将工具拖动到工作台的适当位置，调整其大小，单击"音频分段标注"界面右上角的"属性设置"按钮，弹出"属性编辑"对话框，在其中设置音频分段标注的相关属性，如图 2-2-37 所示。

图 2-2-37　音频分段标注属性设置

（9）单击"保存"按钮保存当前编辑完成的音频标注模板，在操作中可以进行模板预览，如图 2-2-38 所示。

图 2-2-38　保存音频标注模板

（10）单击数据标注平台界面左侧的"工具管理"按钮，单击"新增模板工具"按钮，在弹出的"新增模板工具"对话框中输入工具名称、工具权限、标注分类、选择模板和工具描述，单击"确定"按钮，如图 2-2-39 所示。

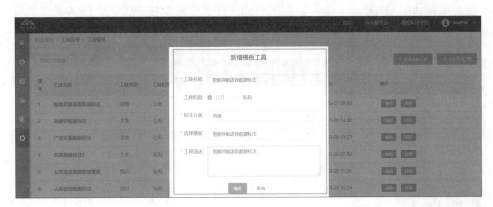

图 2-2-39　新增模板工具

（11）单击数据标注平台界面左侧的"应用首页"按钮打开"应用首页"界面，如图 2-2-40 所示。

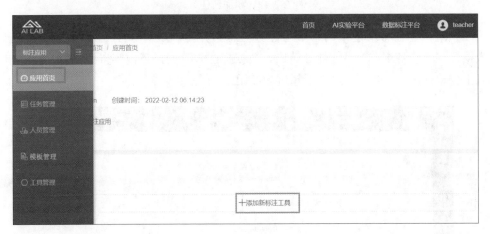

图 2-2-40　应用首页

（12）单击"添加新标注工具"按钮，添加智能导航语音数据标注工具，如图 2-2-41 所示。

图 2-2-41　添加标注工具

2. 新建音频标注任务，导入数据

（1）单击 AILAB 界面左侧任务窗格中的"任务管理"按钮进入"任务管理"界面，单击"添加新任务"按钮，如图 2-2-42 所示。

图 2-2-42　添加新任务

（2）进入"任务新建"的"填写任务信息"界面，填写标注工具为"智能导航语音数据标注"，任务名称为"智能导航语音数据标注"，数据描述内容自定，最后导入文件，要求上传格式为 zip 格式，最大不超过 500MB，如图 2-2-43 所示。

图 2-2-43　填写任务信息

（3）单击"下一步"按钮进入"配置任务信息"界面，对配置任务信息进行配置，如图 2-2-44 所示。

图 2-2-44　配置任务信息

（4）单击"完成任务创建"按钮，显示任务创建成功信息，如图 2-2-45 所示。

图 2-2-45　创建任务信息

（5）单击"开始分配"按钮进入"任务分配"界面。单击"导入成员"按钮，导入标注员，对其进行任务分配，可以批量分配任务，也可以移出，如图 2-2-46 所示。

3. 音频数据标注

（1）使用"标注员"账号登录 AILAB 数据标注平台，进入"任务池"界面，显示出刚建立的"智能导航语音数据标注"任务，如图 2-2-47 所示。

（2）单击"参与标注"按钮进入"智能导航语音数据标注"界面，如图 2-2-48 所示。

图 2-2-46　导入标注员并分配任务

图 2-2-47　"任务池"界面

图 2-2-48　"智能导航语音数据标注"界面

（3）在音频容器中标注员选择要标注的控件和内容。在本例中，语音转写是把音频数据转换为文字数据的过程，标注员将听到的语音转写成文字，单选框选择相应的选项，在音频容器中可以选择需要标注的音频部分，完成后在音频分段标注控件中显示出截取开始和结束的时间，标注员再标注出音频选择部分的文字内容，单击"保存"按钮即可看到标注结果，最后单击"提交"按钮，如图 2-2-49 所示。

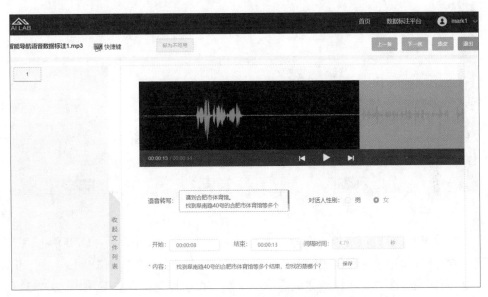

图 2-2-49　智能导航语音数据标注

4．检查数据

（1）数据标注任务结束后，使用"应用管理员"账号登录 AILAB 数据标注平台，单击"任务管理"按钮，分配检查员任务，如图 2-2-50 所示。

图 2-2-50　检查员任务分配

（2）退出"应用管理员"账号，使用"检查员"账号进入 AIALB 数据标注平台，

在任务列表"智能家居语音数据标注"中单击"参与检查"按钮,开始检查任务,进入"检查标注"界面,如图 2-2-51 所示。

图 2-2-51 "检查标注"界面

(3)检查时,检查员可以查看标注员的标注结果,对标注错误数据需要单击"错误"按钮进行打回,原始数据有问题的可以单击"标为不可用"按钮,单击"上一条"和"下一条"按钮切换标注数据。检查完成后单击"提交"按钮提交检查结果,如图 2-2-52 所示。

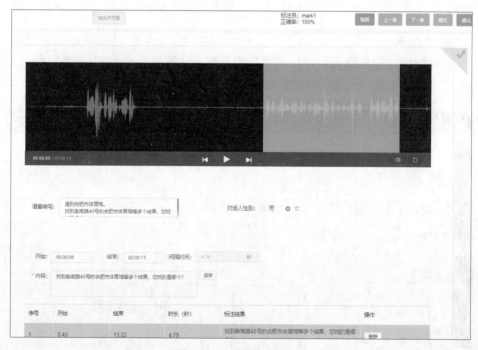

图 2-2-52 检查标注数据

5. 验收与导出

(1)使用"应用管理员"账号登录 AILAB 数据标注平台,在"任务管理"界面中可以对数据标注任务进行归档、导出、继续添加、移除等操作，如图 2-2-53 所示。

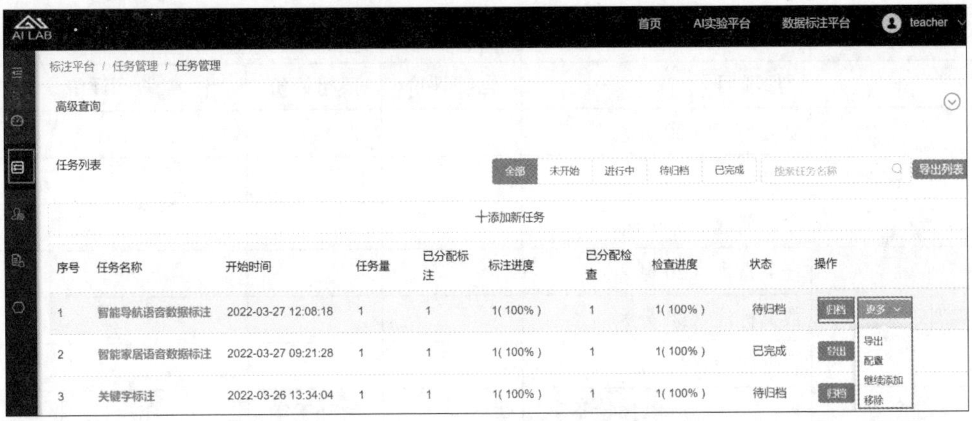

图 2-2-53 "任务管理"界面

（2）单击"归档"按钮后任务将不可更改。单击"导出"按钮，在弹出的"导出信息确认"对话框中可以选择导出结果类型和导出文件格式，根据实例需要选择相应的内容并单击"确定"按钮，如图 2-2-54 所示。

图 2-2-54 "导出信息确认"对话框

（3）将下载标注结果保存到本地，在导出记录中可以查看相应的记录，如图 2-2-55 所示。

图 2-2-55 导出数据

6. 实施评价表

任务编号	2-2		任务名称	智能导航语音数据标注	
评量项目			自我评价	质检评价	教师评价
实训过程评价	学习态度（20 分）				
	沟通合作（10 分）				
	回答问题（5 分）				
实训效果评价	任务管理（20 分）				
	数据标注（30 分）				
	数据质检（15 分）				
学生签字		质检签字		教师签字	年　月　日
参考评价标准					
项目		A	B		C
实训过程评价	学习态度（20 分）	具有良好的价值观、缜密严谨的科学态度和爱岗敬业、履职尽职的职业精神	具有正确的价值观、缜密严谨的科学态度和履职尽职的职业精神		具有正确的价值观和爱岗敬业、履职尽职的职业精神
	沟通合作（10 分）	具有很好的沟通能力，在小组学习中具有很强的团队合作能力	具有良好的沟通能力，在小组学习中具有良好的团队合作能力		具有较好的沟通能力，在小组学习中具有较好的团队合作能力
	回答问题（5 分）	积极、踊跃地回答问题，且全部正确	比较积极踊跃地回答问题，且基本正确		能够回答问题，且基本正确
实训效果评价	任务管理（20 分）	合格率 98% 以上	合格率 95%～97%		合格率 93%～94%
	数据标注（30 分）	合格率 98% 以上	合格率 95%～97%		合格率 93%～94%
	数据质检（15 分）	合格率 98% 以上	合格率 95%～97%		合格率 93%～94%

思考与练习

1. 什么是语音数据标注？
2. 语音数据标注的基本规范有哪些？
3. 语音数据标注的基本流程是怎样的？
4. 科大讯飞 AILAB 数据标注的流程是怎样的？
5. 搭建语音数据标注平台，创建实验，进行智能家居语音数据标注。
6. 搭建语音数据标注平台，创建实验，进行智能导航语音数据标注。

项目 3
图形图像数据标注实训

🔍 项目导读

近些年来,科学技术飞速发展,信息技术作为其代表,发展速度更是令人瞩目。大数据研究和应用给人类的生产生活带来越来越多的便利。人工智能迅速走进我们的生活,并与我们的生活紧密联系在一起。而人工智能发展和应用所需要的大量数据是如何进行加工处理,把海量无序的数据转变成机器所能理解的数据的?因此数据标注得到了快速的发展,而作为数据标注重要类型之一的图形图像数据标注是最广泛、最普遍的数据标注类型。

▶ 思政目标

★ 培养爱岗敬业、履职尽责的职业精神。
★ 培养团队合作及沟通能力。

📖 教学目标

★ 了解图形图像数据标注的发展现状及应用领域。
★ 掌握图形图像数据标注的基本规范、技术及流程。

💡 思维导图

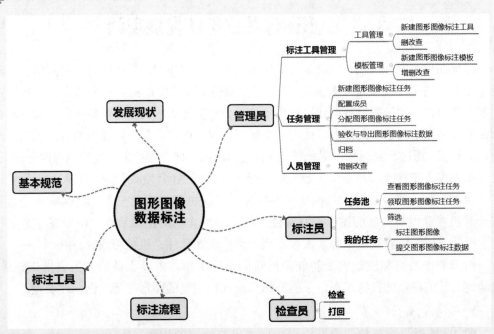

实施任务单

任务编号	项目 3	任务名称	图形图像数据标注
任务简介	使用 AILAB 数据标注平台创建数据标注工具，进行发票数据标注、行人数据标注及车道线数据标注任务，并对标注的数据进行质检，最终提交任务		
设备环境	台式机或笔记本，建议 Windows 10 操作系统		
实施专业		实施班级	
实施地点		小组成员	
指导教师		联系方式	
任务难度		实施日期	
任务要求	1. 管理员 （1）创建发票、行人及车道线数据标注模板并新增本地工具。 （2）新建标注任务并分配任务，最后对标注数据进行验收和导出。 2. 标注员 （1）在任务池中领取数据标注任务。 （2）完成对发票数据、行人数据及车道线数据的标注。 3. 检查员 （1）在任务池中领取数据检查任务。 （2）完成对发票、行人及车道线标注数据的检查，打回不合格的标注数据。		

模块 1　图形图像数据标注概述

3.1　图形图像数据标注发展现状

　　图形图像数据标注在计算机视觉中起着至关重要的作用，其本质是视觉到语言的问题，用通俗的话来说就是"看图说话"，即根据图形图像得出描述其内容含义的自然语句和自然语言。图形图像数据标注操作上是一个将标签添加到图形图像上的过程，其目标范围既可以是在整个图像上仅使用一个标签，也可以是在某个图像内的各组像素中配上多个标签，通过反复训练，模型便可以将已标注的实体与那些未标注的图像区分开来。

　　在如今人工智能和机器学习盛行的环境中，各类 AI 开发人员和研究人员为了实现其项目的目标，需要访问大量高质量的数据。目前机器学习的一个主要领域便是需要在计算机视觉中对大量的图像进行标注，使之成为实用的图像数据。图形图像数据标注主流的应用领域有车辆车牌、人像识别、医疗影像标注、机械影像等。

　　图形图像数据标注是人工智能最前端的基础工作，需要大量的人工去操作完成，以满足对智能机器的训练需求。下面介绍目前几种主要的图形图像数据标注类型。

　　1. 矩形框标注

　　即 2D 拉框，需要拉一个贴合框，框选出待检测的物体（人、车、植物、动物），一般框选出来之后还需要一个对应的标签来标注属性（性别、年龄、颜色、大小等）。

2. 多边形拉框

多边形拉框比矩形框稍微难一些，需要围绕标注元素进行轮廓勾勒，是以多点框的形式进行。跟矩形框一样，多边形框也是需要对应的标签来标注属性。

3. OCR 识别

OCR 有两种标注方法，一种是利用多点打框，另一种是对需要框选的内容进行绝对准确的转写，此标注方法在文本训练中应用较多。

4. 语义分割

此标注相比拉框打点来说应用相对少一些，需要对图片上的元素进行区分，并对每部分分别进行标注填色，需要把框选的部分元素用抠图的方式先抠出来，再选择相应的属性标签，这样部分元素就切割出来了。

5. 打点

打点一般用于人脸或者关键部位打点标注，会对点的位置进行限制和要求，从而实现高精度的检测识别。

6. 图片审核分类

需要对图片进行判定，一般分两种，一种是需要将图片分类，另一种是判断图片是否有效。

3.2　图形图像数据标注基本规范

对比人眼所见的图像而言，计算机所见的图像只是一些枯燥的数字，图形图像数据标注就是根据需求将这一些数据划分区域，让计算机在划分出来的区域找寻数字的规律。

机器学习训练图像识别是根据像素点进行的，所以对于图形图像数据标注的质量标准也是根据像素点位判断，即标注像素点越接近于标注物的边缘像素点，标注的质量就越高，标注难度也越大。因此对于不同的图形图像数据标注类型需要进行不同的标注规范。

1. 标框标注

在进行标注时，要保障标注框的四周边框与标注物最边缘像素点误差在 1 个像素以内，满足这个条件就是合格的标框标注图像。

2. 区域标注

区域标注时，对物体对象边缘进行标注的标注点与物体对象实际边缘像素点的误差在 1 个像素以内，满足这个条件就是合格的区域标注图像。

由于具体图像千变万化，标注难度也大不相同，总结标注经验，有以下几个标注基本规则：

（1）图像类别标注，不能确定类别的，不可标注，即标注时跳过。

（2）标注对象非常小，应根据项目需求度量物体大小。

（3）标注物体被遮挡，低于 20% 的可见，且根据露出的部分不能确定类别的，不

可标注。

（4）图像类别标注划分越细越好，否则数据标注完再返工非常麻烦。

（5）标注对象太多太密集，需要根据算法需求进行标注，算法能识别多少就标注多少。

（6）标注规则要十分明确，主要包括以下几点：

1）关键点要明确，比如关键点是鼻子中间位置，后面标注就要严格执行，绝不能一会标鼻子，一会标眼睛。

2）类别标注中要细化，比如车，有巴士、小汽车、自行车、电瓶车，因此要明确车的类别。

3）图像分割标注中，两个物体在一起，要明确标注位置，是物体的交集还是并集。

4）标注物体不同面的差距比较大，比如正面和背面相差特别大，标注规则要明确是否分两个类别。

（7）标注要非常严格，比如人物画框标注，框的四边一定要紧贴人物边缘，绝对不能出现同样的人标的框忽大忽小。

（8）遮挡、残缺、模糊、光线阴暗等问题，这类问题要看具体项目需求，什么样的程度需要标注，什么样的程度不标注，要有明确的界限。

（9）尽量的严格，不能确定的标注就丢弃不要标注。

3.3　图形图像数据标注工具

图形图像数据标注的方法有人工数据标注、自动数据标注和外包数据标注。人工数据标注的好处是标注结果比较可靠；自动数据标注一般都需要二次复核，避免程序错误；外包数据标注很多时候会面临数据泄密与流失风险。人工数据标注的标注工具可分为客户端标注工具和 Web 端标注工具。常用的图形图像数据标注工具如表 2-3-1 所示。

表 2-3-1　常用图形图像数据标注工具

工具名称	工具特点
LabelImg	支持 PASCAL VOC 格式和 YOLO 格式
Labelme	支持对象检测、图像语义分割数据标注；支持矩形、圆形、线段和点标注；支持视频标注；支持导出 VOC 与 COCO 格式数据实验分割
RectLabel	支持对象检测，图像实例分割数据标注；支持导出 YOLO、KITTI、COCO json 与 csv 格式；读写 PASCAL VOC 格式的 xml 文件
OpenCV/CVAT	支持图像分类、对象检测框、图像语义分割、实例分割数据在线标注工具；支持图像与视频数据标注；支持本地部署，无须担心数据外泄
VOTT	支持图像与视频数据标注，支持导出 CNTK/PASCAL VOC 格式；支持导出 TFRecord、CSV、VOTT 格式；基于 Web 方式本地部署
LabelBox	支持对象检测框、实例分割数据标注；Web 方式的标注工具；提供自定义标注 API 支持；纯 JS+HTML 操作支持

续表

工具名称	工具特点
VIA-VGG Image Annotator	支持对象检测、图像语义分割与实例分割数据标注；以可部署在本地的 Web 方式运行；对人脸数据标注提供了各种方便的操作，是人脸标注首选工具
AILAB	科大讯飞的 AILAB 平台，可进行文字、语音、图像、视频数据标注
point-cloud-annotation-tool	3D 点云数据标注神器；支持点云数据加载、保存和可视化；支持点云数据选择；支持 3D BOX 框生成；支持 KITTI-bin 格式数据
Boobs	支持图像数据标注为 YOLO 格式；可以本地部署的 Web 方式标注，无需服务器端支持

3.4 图形图像数据标注流程

图形图像数据标注的质量直接关系到模型训练的优劣程度，因此要建立一套标准的图形图像数据标注流程。一般数据标注平台会提供完整的数据标注流程支持，可对图像类的数据进行标注，标注完成的结果可与深度学习平台进行模型训练。在数据标注平台上涉及不同的角色分配，一般包括管理员、标注员、检查员等，可实现应用管理、标注工具管理（标注模板建立）、任务创建与分配、数据标注与检查、任务验收的完整流程，如图 2-3-1 所示。

图 2-3-1 图形图像数据标注流程

1. 图形图像数据标注模板

针对数据训练模型，管理员需要设计建立对应的图形图像数据标注模板，为后面的图形图像数据标注提供平台。模板可以在标注工具管理中设计创建，需要包含工具名称、权限类型、工具类型。模板含有数据容器、操作说明和操作组件三大类，如图 2-3-2 所示。

图 2-3-2 AILAB 图形图像数据标注模板

2. 任务管理

任务管理包括任务新建、分配、删除和查看等。

新建任务：管理员创建一个新的图形图像数据标注任务，并且上传数据标注的原始数据包，数据包格式一般为 ZIP 包，其中包含待标注的原始数据文件和对应的描述文件。

任务分配：在任务详情中找到创建的任务，对标注任务进行分配，主要分配给标注员和检查员，同时也可以对任务进行删除。

任务查看：管理员可随时对任务标注进行查看。

3. 数据标注

标注员登录进入平台，打开图像数据标注任务，如图 2-3-3 所示。

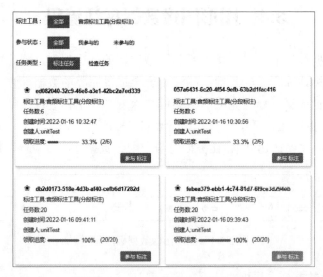

图 2-3-3　AILAB 图像数据标注任务

进入标注任务后，对图像进行标注，如图像数据类别标注，根据图像内容选择合适的类别，如图 2-3-4 所示。

图 2-3-4　AILAB 图像数据分类标注

进入标注任务后，对图像进行标注，如图像数据画框标注，根据图像特征对图像内的对象进行画框，如图 2-3-5 所示。

图 2-3-5　AILAB 图像数据画框标注

4. 数据检查

检查员登录数据标注平台，打开任务，对已标注的数据进行检查。图像检查任务如图 2-3-6 所示。

图 2-3-6　AILAB 图像数据标注检查任务

进入"检查任务"界面后，对图像数据进行检查，如对图像属性类别进行核对，正确则单击"提交"按钮，错误则单击"错误"按钮，如图 2-3-7 所示。

本书图像数据标注实例主要使用科大讯飞人工智能实验平台中的 AILAB 数据标注平台，该平台提供了完整的数据标注流程支持，可对文本类、图片类和音频类数据进行内容标注，标注完成的结果可应用于深度学习平台进行模型训练。平台包含超级管理员、应用管理员、标注员和检查员等不同角色，可实现应用管理、标注工具管理、任务创建与分配、数据标注与检查和任务验收的完整流程，能够满足不同领域 AI 模型训练的数据需求，从而提高模型训练的效果。AILAB 图像数据标注流程如图 2-3-8 所示。

图 2-3-7　AILAB 图像数据标注检查

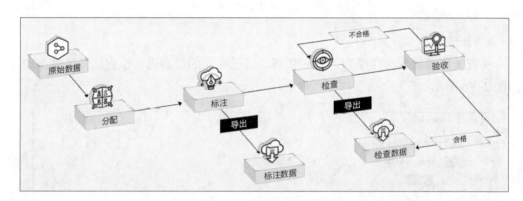

图 2-3-8　AILAB 数据标注流程

模块 2　图形图像数据标注实例

图形图像数据标注是对多个样本图像的每一个样本图像进行标注，标注被检对象的类别、位置、身份等信息，利用相关信息对标注模型进行训练并优化标注模型。根据训练需求可分为：拉框标注、区域标注、描点标注、关键点标注、影像标注、分类标注。具体标注的方法取决于实际项目所使用到的图像标注类型。将图像转换为计算机能够识别的语言，基于深度学习技术，可准确识别图像中的视觉内容，完成对图像数据的标注任务。

本书图像数据标注实例主要使用科大讯飞 AILAB 人工智能实验平台实现图像数据标注，主要操作步骤为：搭建数据标注实验平台、导入数据、数据标注、检查标注数据、验收与导出数据，如图 2-3-9 所示。

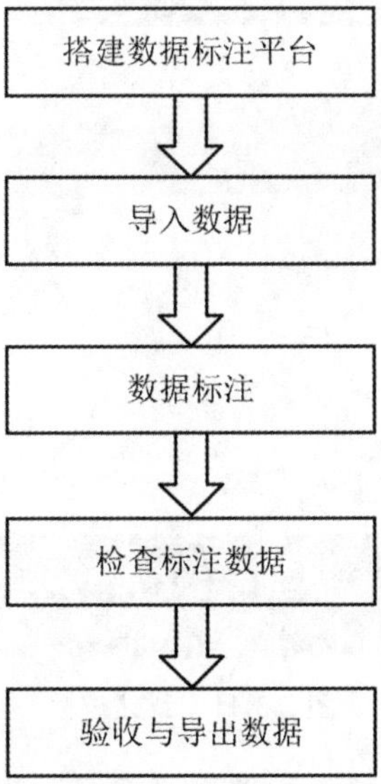

图 2-3-9　AILAB 图像数据标注操作步骤

实例 1　发票数据标注

实例 1 操作视频

1. 搭建图像标注实验平台

（1）使用"应用管理员"账号登录 AILAB 数据标注平台，单击界面左侧的"模板管理"按钮进入"模板管理"界面，如图 2-3-10 所示。

图 2-3-10　标注工具模板管理

（2）单击"新建模板"按钮，在弹出的"新建模板"对话框中输入模板名称、权限类型、模板分类，单击"保存"按钮，如图 2-3-11 所示。

图 2-3-11　新建模板

（3）找到创建好的发票标注模板，单击"编辑"按钮，如图 2-3-12 所示。

标注平台 / 模板管理 / **模板管理**

搜索模板名称　　　　🔍　　　　　　　　　　　　　　　　　　　　　　　　＋新建模板

序号	模板名称	模板类型	模板权限	创建时间	创建人	更新时间	操作
1	发票数据标注1	图片标注	私有	2022-03-24 06:59:05	teacher	2022-03-24 06:59:05	复制 编辑 删除
2	关键字数据标注	文本标注	公有	2022-02-27 06:37:53	teacher	2022-03-24 06:57:10	复制 编辑 删除
3	广告文案数据标注	文本标注	公有	2022-02-27 05:43:33	teacher	2022-02-27 06:01:23	复制 编辑 删除
4	发票数据标注	文本标注	公有	2022-02-27 05:39:32	teacher	2022-02-27 05:39:32	复制 编辑 删除
5	文本分类模板	文本标注	公有	2020-02-24 08:00:00	admin	2020-02-24 08:00:00	复制 编辑 删除
6	文本划词模板	文本标注	公有	2020-02-24 08:00:00	admin	2020-02-24 08:00:00	复制 编辑 删除
7	图片分类模板	图片标注	公有	2020-02-24 08:00:00	admin	2020-02-24 08:00:00	复制 编辑 删除

图 2-3-12　图像标注模板管理

（4）进入"图像标注模板编辑"界面，在上方可以选择当前编辑的模板名称、权限类型、模板分类等。图像标注工具主要分布在界面左侧的任务窗格中，分为"数据容器"工具、"操作说明"工具、"操作组件"工具，选择"数据容器"工具中的"图像"工具，拖动到右侧的空白区域，适当调整图像工具的大小和位置，图像数据容器工具拖动后变成灰色按钮，该工具主要是为了方便后期导入图像数据，如图 2-3-13 所示。

（5）选择"操作说明"工具组中的"文本描述"工具，拖动到工作台的适当位置，调整其大小，单击"文本描述"工具按钮右上角的"属性设置"按钮，弹出"属性编辑"对话框，设置文本内容、字体、字号、颜色等属性，如图 2-3-14 所示。

图 2-3-13 图像标注容器

图 2-3-14 文本描述

（6）选择"操作组件"中的"多边形标注"工具，拖动到工作台的合适位置，调整其大小，单击多边形标注工具的"属性"按钮，单击"添加选项"按钮，分别添加单位名称、纳税人识别号、开户银行、银行账号、公司地址、发票类型等属性信息，如图 2-3-15 所示。

图 2-3-15　多边形标注工具属性设置

（7）单击"保存"按钮保存当前编辑好的图像标注模板，如图 2-3-16 所示。单击"返回"按钮返回模板管理界面。在操作中可以复制、编辑、删除当前编辑好的图像标注模板。

图 2-3-16　保存图像标注模板

（8）单击界面左侧的"工具管理"按钮打开"工具管理"界面，如图 2-3-17 所示。

（9）单击"新增模板工具"按钮，在弹出的"新增模板工具"对话框中输入工具名称、工具权限、标注分类、选择模板和工具描述，单击"确定"按钮，如图 2-3-18 所示。

（10）单击界面左侧的"应用首页"按钮打开"应用首页"界面，如图 2-3-19 所示。

图 2-3-17 工具管理

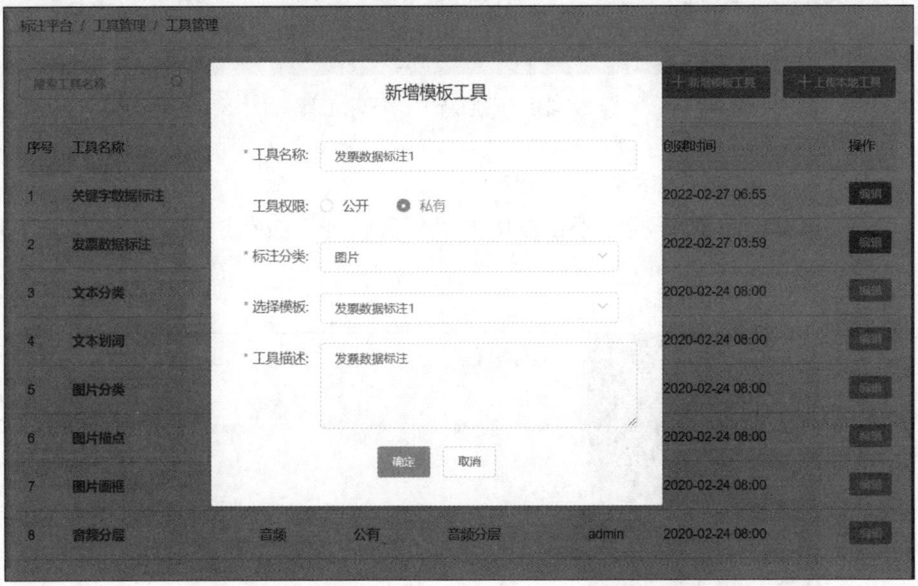

图 2-3-18 新增模板工具

图 2-3-19 应用首页

（11）单击"添加新标注工具"按钮，添加发票数据标注 1 工具，如图 2-3-20 所示。

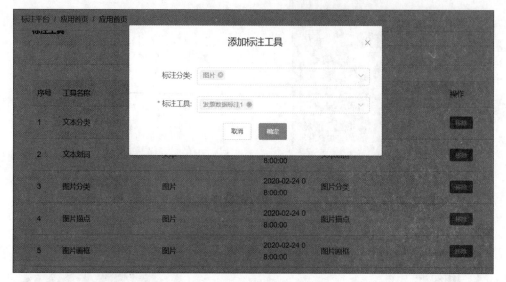

图 2-3-20　添加新数据标注工具

2. 新建发票数据标注任务，导入数据

（1）单击 AILAB 数据标注平台左侧的"任务管理"按钮进入"任务管理"界面，如图 2-3-21 所示。

图 2-3-21　任务管理

（2）单击"添加新任务"按钮进入任务信息填写界面，填写标注工具、任务名称、数据描述内容，最后导入文件，如图 2-3-22 所示。

（3）单击"下一步"按钮，对配置任务信息进行配置，如图 2-3-23 所示。

（4）单击"完成任务创建"按钮，显示任务创建相关信息，如图 2-3-24 所示。

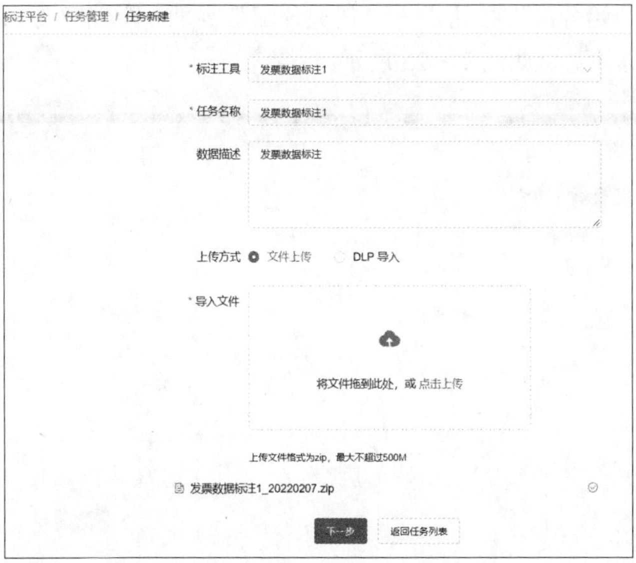

标注平台 / 任务管理 / 任务新建

* 标注工具　发票数据标注1

* 任务名称　发票数据标注1

数据描述　发票数据标注

上传方式　⦿ 文件上传　　○ DLP 导入

* 导入文件

将文件拖到此处，或 点击上传

上传文件格式为zip，最大不超过500M

📄 发票数据标注1_20220207.zip　　　　✓

下一步　返回任务列表

图 2-3-22　编辑任务信息

标注平台 / 任务管理 / 任务新建

✓ 填写任务信息 ————— ② 配置任务信息 ————— ③ 创建完成

是否检查　⦿ 是　　○ 否

* 检查比例　－ 100 ＋　(检查员可以领取不低于此比例的检查任务)

打回方式　○ 手动打回　⦿ 自动打回

* 合格阈值　－ 100 ＋

正确率统计　⦿ 检查员统计　○ 机器统计　(检查员的检查结果算正确率)

坏数据检查　⦿ 检查　○ 不检查　(坏数据需要检查员核对)

完成任务创建　返回上一步

图 2-3-23　配置任务信息

✓ 填写任务信息 ————— ✓ 配置任务信息 ————— ✓ 创建完成

任务创建成功!

任务名称：　发票数据标注1

创建时间：　2022年03月24日 08:02:30

检查模式：　需要检查，检查比例是100%

打回方式：　系统判定打回，合格阈值是100%

正确率：　检查员统计确定正确率

坏数据检查：　检查坏数据

开始分配　返回任务列表

图 2-3-24　任务创建信息

（5）单击"开始分配"按钮进入"任务分配"界面。单击"导入成员"按钮，分别导入检查员和标注员，如图 2-3-25 所示。

图 2-3-25　导入成员

（6）选择任务，对标注员进行任务分配，检查员任务必须等标注任务结束后才能进行分配，如图 2-3-26 所示。

图 2-3-26　分配任务

3．发票数据标注

（1）使用"标注员"账号登录 AILAB 数据标注平台，进入"任务池"界面，显示出刚刚建立的发票数据标注 1 任务，如图 2-3-27 所示。

（2）单击"参与标注"按钮进入发票数据标注实验，如图 2-3-28 所示。

图 2-3-27 "任务池"界面

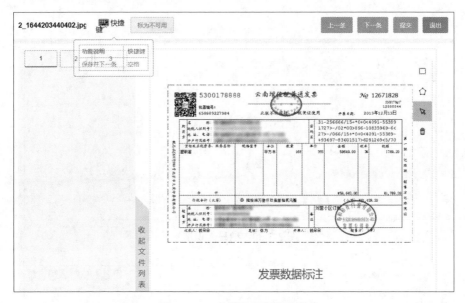

图 2-3-28 发票数据标注实验

（3）选择"矩形标注"工具，在右侧发票的公司名称区域画框。在图像标注工具中选择属性为单位名称，标注内容为"贵州腾隆房地产开发有限公司"，如图 2-3-29 所示。

（4）选择"矩形标注"工具，在右侧发票的纳税人识别号区域画框。在图像标注工具中选择属性为纳税人识别号，标注内容为"91520160013214241T"，如图 2-3-30 所示。

（5）选择"矩形标注"工具，在右侧发票的开户行区域画框。在图像标注工具中选择属性为开户银行，标注内容为"中国农业银行贵阳市北城支行"，如图 2-3-31 所示。

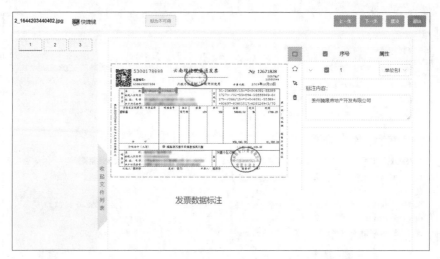

图 2-3-29　发票单位名称

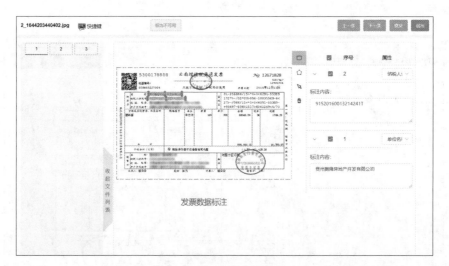

图 2-3-30　纳税人识别号

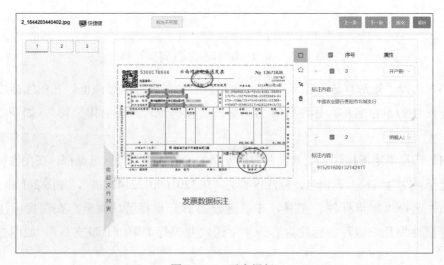

图 2-3-31　开户银行

（6）选择"矩形标注"工具，在右侧发票的开户行账号区域画框。在图像标注工具中选择属性为开户账号，标注内容为"1178527004399"，如图 2-3-32 所示。

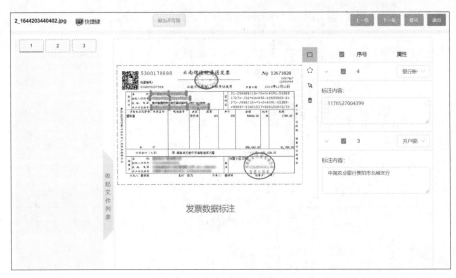

图 2-3-32　开户行账号

（7）选择"矩形标注"工具，在右侧发票的公司地址区域画框。在图像标注工具中选择属性为公司地址，标注内容为"贵州省贵阳市云岩区解放区 5 号"，如图 2-3-33 所示。

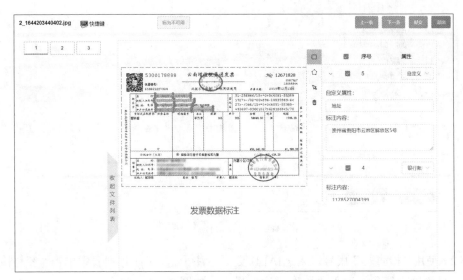

图 2-3-33　公司地址

（8）选择"矩形标注"工具，在右侧发票的发票类型区域画框。在图像标注工具中选择属性为发票类型，标注内容为"增值税普通发票"，如图 2-3-34 所示。

（9）在标注过程中，如果对标注内容无法认知，可以标为不可用。单击"下一条"按钮，对下一个发票进行标注，标注方法与第一条相同。

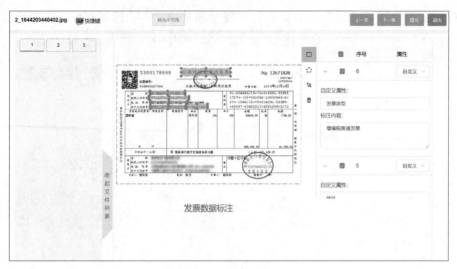

图 2-3-34　发票类型

4. 检查数据

（1）数据标注任务结束后，使用"应用管理员"账号登录 AILAB 数据标注平台，分配检查员任务，如图 2-3-35 所示。

图 2-3-35　检查员任务分配

（2）使用"检查员"账号进入 AIALB 数据标注平台，在任务列表中单击"参与检查"按钮，开始检查任务，进入"检查标注"界面，如图 2-3-36 所示。

（3）检查时，可以查看标注员的标注结果，对标注错误数据需要单击"错误"按钮进行打回，原始数据有问题的可以单击"标为不可用"按钮，单击"上一条"和"下一条"按钮切换标注数据。检查完成后单击"提交"按钮提交检查结果，如图 2-3-37 所示。

5. 验收与导出

（1）使用"应用管理员"账号登录 AILAB 数据标注平台，在对应任务中可以进行归档、导出、继续添加、移除等操作，如图 2-3-38 所示。

图 2-3-36 "检查标注"界面

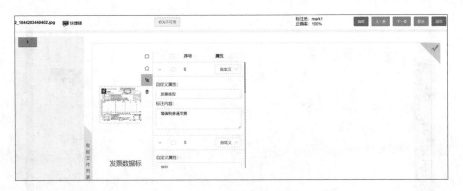

图 2-3-37 检查标注数据

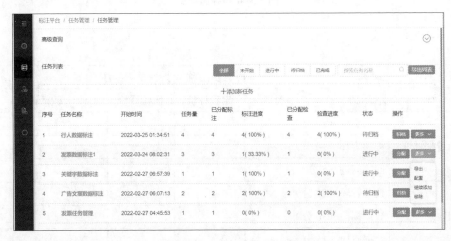

图 2-3-38 "任务管理"界面

（2）单击"归档"按钮后任务将不可更改。单击"导出"按钮，在"导出信息确认"对话框中选择导出结果类型和导出文件格式，如图 2-3-39 所示。

图 2-3-39　"导出信息确认"对话框

（3）单击"确定"按钮，系统将导出数据到本地，在导出记录中可以查看相应的记录，如图 2-3-40 所示。

图 2-3-40　导出数据

6. 实施评价表

任务编号	3-1		任务名称	发票数据标注	
	评量项目		自我评价	质检评价	教师评价
实训过程评价	学习态度（20分）				
	沟通合作（10分）				
	回答问题（5分）				
实训效果评价	任务管理（20分）				
	数据标注（30分）				
	数据质检（15分）				
学生签字		质检签字		教师签字	年　月　日

参考评价标准				
项目		A	B	C
实训过程评价	学习态度（20分）	具有良好的价值观、缜密严谨的科学态度和爱岗敬业、履职尽职的职业精神	具有正确的价值观、缜密严谨的科学态度和履职尽职的职业精神	具有正确的价值观和爱岗敬业、履职尽职的职业精神
	沟通合作（10分）	具有很好的沟通能力，在小组学习中具有很强的团队合作能力	具有良好的沟通能力，在小组学习中具有良好的团队合作能力	具有较好的沟通能力，在小组学习中具有较好的团队合作能力
	回答问题（5分）	积极、踊跃地回答问题，且全部正确	比较积极踊跃地回答问题，且基本正确	能够回答问题，且基本正确
实训效果评价	任务管理（20分）	合格率98%以上	合格率95%～97%	合格率93%～94%
	数据标注（30分）	合格率98%以上	合格率95%～97%	合格率93%～94%
	数据质检（15分）	合格率98%以上	合格率95%～97%	合格率93%～94%

实例2　人物图像数据标注

实例2操作视频

　　人物图像数据标注主要分为两大类：一类是针对行人图像进行标框标注，另一类是对人脸数据进行标框标注及难度更高的特征点描点标注。本实例是对行人进行数据标注，提取年龄特征。

　　1. 搭建图像标注实验平台

　　（1）使用"应用管理员"账号登录 AILAB 数据标注平台，单击界面左侧的"模板管理"按钮进入"模板管理"界面，如图 2-3-41 所示。

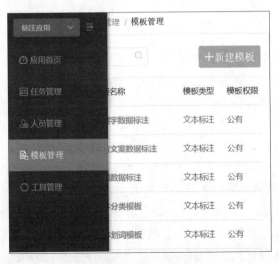

图 2-3-41　标注工具模板管理

（2）单击"新建模板"按钮，在弹出的"新建模板"对话框中输入模板名称、权限类型、模板分类，单击"保存"按钮，如图 3-3-42 所示。

图 2-3-42　新建标注模板

（3）找到创建好的行人标注模板，单击"编辑"按钮，如图 2-3-43 所示。

序号	模板名称	模板类型	模板权限	创建时间	创建人	更新时间	操作
1	行人数据标注	图片标注	私有	2022-03-25 01:20:14	teacher	2022-03-25 01:20:14	发布 编辑 删除
2	发票数据标注1	图片标注	私有	2022-03-24 07:40:35	teacher	2022-03-24 07:44:02	发布 编辑 删除
3	关键字数据标注	文本标注	公有	2022-02-27 06:37:53	teacher	2022-03-24 06:57:10	发布 编辑 删除
4	广告文案数据标注	文本标注	公有	2022-02-27 05:43:33	teacher	2022-02-27 06:01:23	发布 编辑 删除
5	发票数据标注	文本标注	公有	2022-02-27 05:39:32	teacher	2022-02-27 05:39:32	发布 编辑 删除
6	文本分类模板	文本标注	公有	2020-02-24 08:00:00	admin	2020-02-24 08:00:00	发布 编辑 删除

图 2-3-43　图像标注模板管理

（4）进入图像标注模板编辑界面，在上方可以选择当前编辑的工具名称、权限类型、工具分类等。图像标注工具主要分布在界面左侧的任务窗格中，分为"数据容器"工具、"操作说明"工具、"操作组件"工具，选择"数据容器"工具中的"图像"工具，拖动到右侧的空白区域，适当调整图像工具的大小和位置，图像数据容器工具拖动后变成灰色按钮，该工具主要是为了方便后期导入图像数据，如图 2-3-44 所示。

（5）选择"操作说明"工具组中的"文本描述"工具，拖动到工作台的适当位置，调整其大小，单击"文本描述"工具按钮右上角的"属性设置"按钮，弹出"属性编辑"对话框，设置文本内容、字体、字号、颜色等属性，如图 2-3-45 所示。

（6）选择"操作组件"中的"多边形标注"工具，拖动到工作台的合适位置，调整其大小，单击多边形标注工具的"属性"按钮，单击"添加选项"按钮，分别添加儿童、青年人、老人、儿童等属性信息，如图 2-3-46 所示。

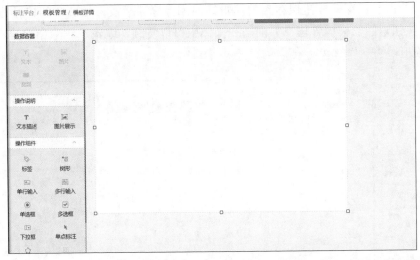

图 2-3-44　图像标注容器

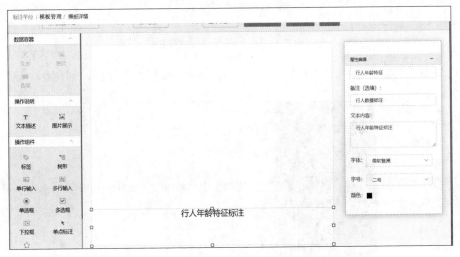

图 2-3-45　文本描述

图 2-3-46　多边形标注工具属性设置

（7）单击"保存"按钮保存当前编辑好的图像标注模板，如图 2-3-47 所示。单击"返回"按钮返回"模板管理"界面。在操作中可以复制、编辑、删除当前编辑好的图像标注模板。

图 2-3-47　保存图像标注模板

（8）单击界面左侧的"工具管理"按钮打开"工具管理"界面，如图 2-3-48 所示。

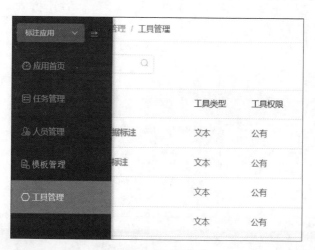

图 2-3-48　工具管理

（9）单击"新增模板工具"按钮，在弹出的"新增模板工具"对话框中输入工具名称、工具权限、标注分类、选择模板和工具描述，单击"确定"按钮，如图 2-3-49 所示。

（10）单击界面左侧的"应用首页"按钮打开"应用首页"界面，如图 2-3-50 所示。

（11）单击"添加新标注工具"按钮，添加数据标注工具，如图 2-3-51 所示。

2. 新建行人数据标注任务，导入数据

（1）单击 AILAB 数据标注平台左侧的"任务管理"按钮进入"任务管理"界面，如图 2-3-52 所示。

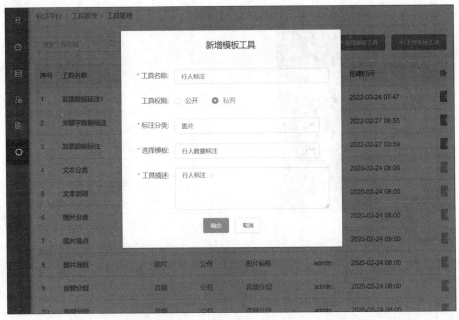

图 2-3-49　新增模板工具

图 2-3-50　应用首页

图 2-3-51　添加新标注工具

图 2-3-52　任务管理

（2）单击"添加新任务"按钮进入任务信息填写界面，填写标注工具、任务名称、数据描述等内容，最后导入文件，如图 2-3-53 所示。

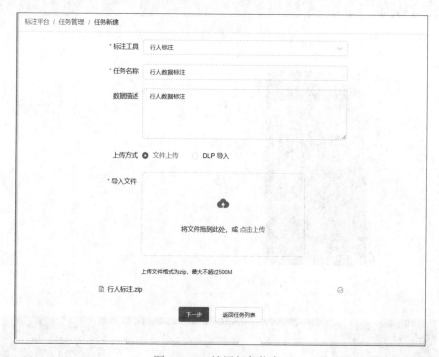

图 2-3-53　填写任务信息

（3）单击"下一步"按钮，对配置任务信息进行修改，如图 2-3-54 所示。

（4）单击"完成任务创建"按钮，显示任务创建相关信息，如图 2-3-55 所示。

（5）单击"开始分配"按钮进入"任务分配"界面。单击"导入成员"按钮，分别导入检查员和标注员，如图 2-3-56 所示。

图 2-3-54　配置任务信息

图 2-3-55　任务创建信息

图 2-3-56　导入成员

（6）选择任务，对标注员进行任务分配，检查员任务必须等标注任务结束后才能进行分配，如图 2-3-57 所示。

图 2-3-57　分配任务

3. 行人数据标注

（1）使用"标注员"账号登录 AILAB 数据标注平台，进入"任务池"界面，显示出刚刚建立的行人数据标注任务，如图 2-3-58 所示。

图 2-3-58　"任务池"界面

（2）单击"参与标注"按钮进入数据标注任务，如图 2-3-59 所示。

（3）选择"矩形标注"工具，对行人画框，在图像标注工具中选择属性为"青年人"，如图 2-3-60 所示。

（4）选择"矩形标注"工具，对行人画框，在图像标注工具中选择画框对象对应的年龄属性，如图 2-3-61 所示。

图 2-3-59　行人数据标注任务

图 2-3-60　行人数据标注

图 2-3-61　行人数据标注

（5）选择"矩形标注"工具，对行人画框，在图像标注工具中选择画框对象对应的年龄属性，如图 2-3-62 所示。

图 2-3-62　行人数据标注

（6）单击"下一条"按钮，选择"矩形标注"工具，对行人画框，在图像标注工具中选择画框对象对应的年龄属性，如图 2-3-63 所示。

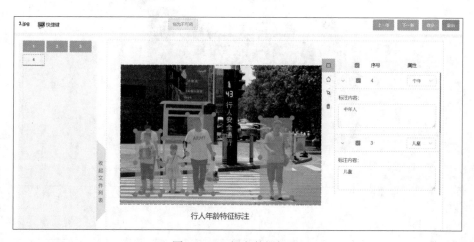

图 2-3-63　行人数据标注

（7）在标注过程中，如果对标注内容无法认知，可以标为不可用。单击"下一条"按钮，对下一组行人进行标注，标注方法与第一条相同。

4. 检查数据

（1）数据标注任务结束后，使用"应用管理员"账号登录 AILAB 数据标注平台，分配检查员任务，如图 2-3-64 所示。

（2）使用"检查员"账号进入 AIALB 数据标注平台，在任务列表中单击"参与检查"按钮，开始检查任务，进入"检查标注"界面，如图 2-3-65 所示。

（3）检查时，可以查看标注员的标注结果，对标注错误数据需要单击"错误"按钮进行打回，原始数据有问题的可以单击"标为不可用"按钮，单击"上一条"和"下一条"按钮切换标注数据。检查完成后单击"提交"按钮提交检查结果，如图 2-3-66 所示。

图 2-3-64 检查员任务分配

图 2-3-65 "检查标注"界面

图 2-3-66 检查标注数据

5. 验收与导出

（1）使用"应用管理员"账号登录 AILAB 数据标注平台，在对应任务中可以进行归档、导出、继续添加、移除等操作，如图 2-3-67 所示。

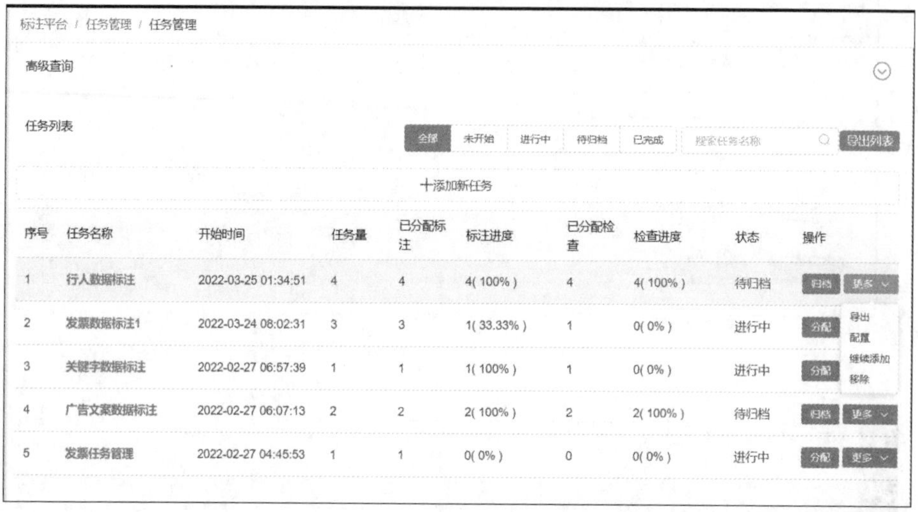

图 2-3-67 "任务管理"界面

（2）单击"归档"按钮后任务将不可更改。单击"导出"按钮，在"导出信息确认"对话框中选择导出结果类型和导出文件格式，如图 2-3-68 所示。

图 2-3-68 "导出信息确认"对话框

（3）单击"确定"按钮，系统将导出数据到本地，在导出记录中可以查看相应的记录，如图 2-3-69 所示。

图 2-3-69　导出数据

6. 实施评价表

任务编号	3-2		任务名称	人物图像数据标注	
	评量项目		自我评价	质检评价	教师评价
实训过程评价	学习态度（20分）				
	沟通合作（10分）				
	回答问题（5分）				
实训效果评价	任务管理（20分）				
	数据标注（30分）				
	数据质检（15分）				
学生签字		质检签字		教师签字	年　月　日
参考评价标准					
	项目		A	B	C
实训过程评价	学习态度（20分）		具有良好的价值观、缜密严谨的科学态度和爱岗敬业、履职尽职的职业精神	具有正确的价值观、缜密严谨的科学态度和履职尽职的职业精神	具有正确的价值观和爱岗敬业、履职尽职的职业精神
	沟通合作（10分）		具有很好的沟通能力，在小组学习中具有很强的团队合作能力	具有良好的沟通能力，在小组学习中具有良好的团队合作能力	具有较好的沟通能力，在小组学习中具有较好的团队合作能力
	回答问题（5分）		积极、踊跃地回答问题，且全部正确	比较积极踊跃地回答问题，且基本正确	能够回答问题，且基本正确
实训效果评价	任务管理（20分）		合格率98%以上	合格率95%～97%	合格率93%～94%
	数据标注（30分）		合格率98%以上	合格率95%～97%	合格率93%～94%
	数据质检（15分）		合格率98%以上	合格率95%～97%	合格率93%～94%

实例3操作视频

实例3 道路图形数据标注

自动驾驶技术已经发展到路测阶段，衍生出的标注种类越来越多，要求越来越高。道路图形数据标注包括车道线、车辆/行人、车辆多边形、指示牌/信号灯、区域分割、行进方向等标注。本实例采用车道线标注，车道线标注是一种对道路地面标线进行的综合标注，包括区域标注、分类标注和语义标注，应用于训练自动驾驶，按车道规则进行行驶。

1. 搭建图像标注实验平台

（1）使用“应用管理员”账号登录AILAB数据标注平台，单击界面左侧的“模板管理”按钮进入“模板管理”界面，如图2-3-70所示。

图2-3-70 标注工具模板管理

（2）单击“新建模板”按钮，在弹出的“新建模板”对话框中输入模板名称、权限类型、模板分类，单击“保存”按钮，如图2-3-71所示。

（3）找到创建好的车道线标注模板，单击“编辑”按钮，如图2-3-72所示。

（4）进入图像标注模板编辑界面，在上方可以选择当前编辑的模板名称、权限类型、模板分类等。图像标注工具主要分布在界面左侧的任务窗格中，分为“数据容器”工具、“操作说明”工具、“操作组件”工具，选择“数据容器”工具中的“图像”工具，拖动到右侧的空白区域，适当调整图像工具的大小和位置，图像数据容器工具拖动后变成灰色按钮，该工具主要是为了方便后期导入图像数据，如图2-3-73所示。

图 2-3-71　新建标注模板

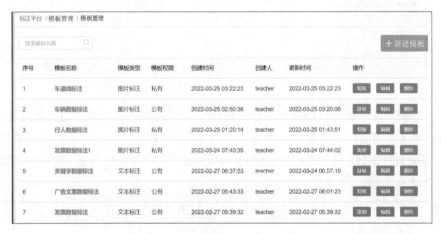

图 2-3-72　图像标注模板管理

图 2-3-73　图像标注容器

（5）选择"操作说明"工具组中的"文本描述"工具，拖动到工作台的合适位置，调整其大小，单击"文本描述"工具按钮右上角的"属性设置"按钮，弹出"属性编辑"对话框，设置文本内容、字体、字号、颜色等属性，如图 2-3-74 所示。

图 2-3-74　文本描述

（6）选择"操作组件"中的"多边形标注"工具，拖动到工作台的合适位置，调整其大小，单击多边形标注工具的"属性"按钮，单击"添加选项"按钮，分别添加直行、左转、右转、直行左转、直行右转、白实线、白虚线、双黄线等属性信息，如图 2-3-75 所示。

图 2-3-75　多边形标注工具属性设置

（7）单击"保存"按钮保存当前编辑好的图像标注模板，如图 2-3-76 所示。单击"返回"按钮返回模板管理界面。在操作中可以复制、编辑、删除当前编辑好的图像标注模板。

（8）单击界面左侧的"工具管理"按钮打开"工具管理"界面，如图 2-3-77 所示。

图 2-3-76 保存图像标注模板

图 2-3-77 工具管理

（9）单击"新增模板工具"按钮，在弹出的"新增模板工具"对话框中输入工具名称、工具权限、标注分类、选择模板和工具描述，单击"确定"按钮，如图 2-3-78 所示。

图 2-3-78 新增模板工具

（10）单击界面左侧的"应用首页"按钮打开"应用首页"界面，如图 2-3-79 所示。

图 2-3-79　应用首页

（11）单击"添加新标注工具"按钮，添加数据标注工具，如图 2-3-80 所示。

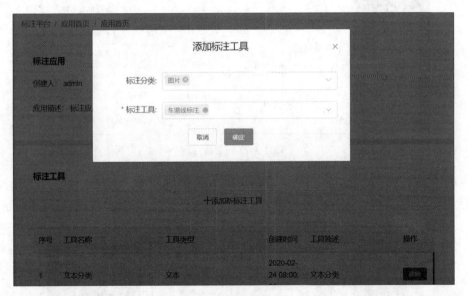

图 2-3-80　添加数据标注工具

2. 新建车道线数据标注任务，导入数据

（1）单击 AILAB 数据标注平台左侧的"任务管理"按钮进入"任务管理"界面，如图 2-3-81 所示。

（2）单击"添加新任务"按钮进入任务信息填写界面，填写标注工具、任务名称、数据描述等内容，最后导入文件，如图 2-3-82 所示。

（3）单击"下一步"按钮，对配置任务信息进行修改，如图 2-3-83 所示。

图 2-3-81 任务管理

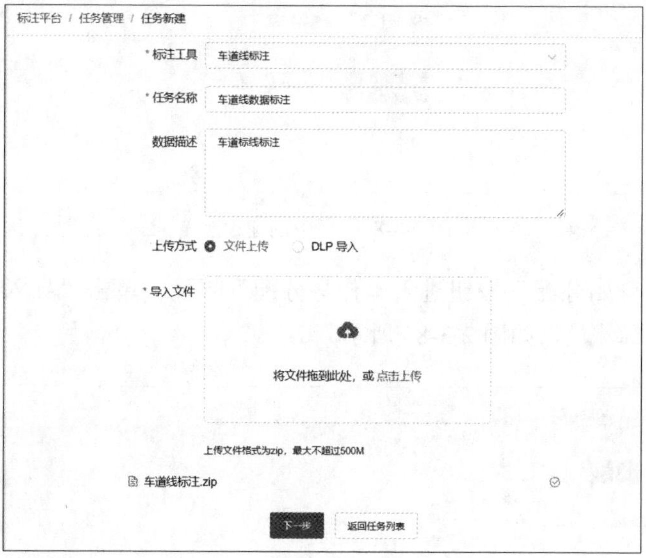

标注平台 / 任务管理 / 任务新建

*标注工具　车道线标注　　　　　　　　　　　　　　　　　　 ˅

*任务名称　车道线数据标注

数据描述　车道标线标注

上传方式　● 文件上传　　○ DLP 导入

*导入文件

将文件拖到此处，或 点击上传

上传文件格式为zip，最大不超过500M

▢ 车道线标注.zip　　　　　　　　　　　　　　　　　　 ⊘

下一步　　返回任务列表

图 2-3-82 填写任务信息

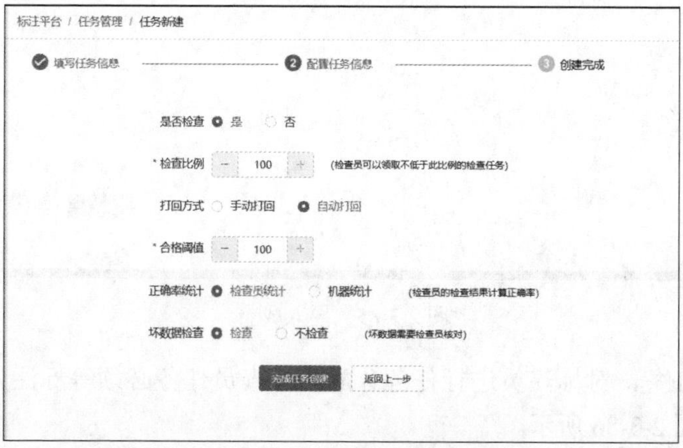

标注平台 / 任务管理 / 任务新建

✓ 填写任务信息 ──────── ❷ 配置任务信息 ──────── ❸ 创建完成

是否检查　● 是　　○ 否

*检查比例　─ 100 ＋　（检查员可以领取不低于此比例的检查任务）

打回方式　○ 手动打回　　● 自动打回

*合格阈值　─ 100 ＋

正确率统计　● 检查员统计　　○ 机器统计　（检查员的检查结果计算正确率）

坏数据检查　● 检查　　○ 不检查　（坏数据需要检查员核对）

完成任务创建　　返回上一步

图 2-3-83 配置任务信息

（4）单击"完成任务创建"按钮，显示任务创建相关信息，如图 2-3-84 所示。

图 2-3-84　任务创建信息

（5）单击"开始分配"按钮进入"任务分配"界面。单击"导入成员"按钮，分别导入检查员和标注员，如图 2-3-85 所示。

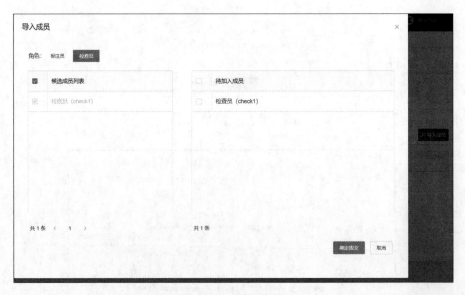

图 2-3-85　导入成员

（6）选择任务，对标注员进行任务分配，检查员任务必须等标注任务结束后才能进行分配，如图 2-3-86 所示。

图 2-3-86 分配任务

3. 车道线数据标注

（1）使用"标注员"账号登录 AILAB 数据标注平台，进入"任务池"界面，显示出刚刚建立的车道线数据标注任务，如图 2-3-87 所示。

图 2-3-87 "任务池"界面

（2）单击"参与标注"按钮进入数据标注任务，如图 2-3-88 所示。

（3）选择"多边形标注"工具，对右转标志画框，在图像标注工具中选择属性为"右转"，标注内容为"该车道允许车辆右转"，如图 2-3-89 所示。

（4）选择"多边形标注"工具，对直行标志画框，在图像标注工具中选择属性为"直行"，标注内容为"该车道允许车辆直行"，如图 2-3-90 所示。

图 2-3-88　车道线数据标注实验

图 2-3-89　车道线右转数据标注

图 2-3-90　车道线直行数据标注

（5）选择"多边形标注"工具，对左转标志画框，在图像标注工具中选择属性为"左转"，标注内容为"该车道允许车辆左转"，如图 2-3-91 所示。

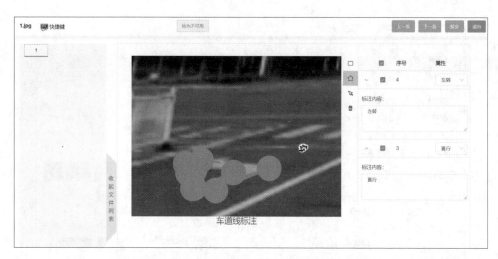

图 2-3-91　车道线左转数据标注

（6）选择"多边形标注"工具，对白实线标志画框，在图像标注工具中选择属性为"白实线"，标注内容为"禁止车辆变道行驶"，如图 2-3-92 所示。

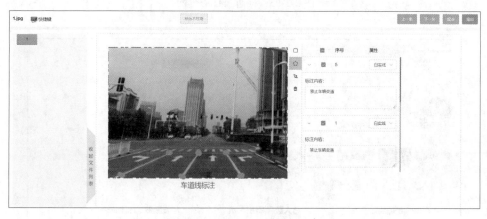

图 2-3-92　车道线白实线数据标注

（7）在标注过程中，如果对标注内容无法认知，可以标为不可用。单击"下一条"按钮，对下一条车道进行标注，标注方法与第一条相同。

4. 检查数据

（1）数据标注任务结束后，使用"应用管理员"账号登录 AILAB 数据标注平台，分配检查员任务，如图 2-3-93 所示。

（2）使用"检查员"账号登录 AIALB 数据标注平台，在任务列表中单击"参与检查"按钮，开始检查任务，进入"检查标注"界面，如图 2-3-94 所示。

（3）检查时，可以查看标注员的标注结果，对标注错误数据需要单击"错误"按钮进行打回，原始数据有问题的可以单击"标为不可用"按钮，单击"上一条"和"下一条"按钮切换标注数据。检查完成后单击"提交"按钮提交检查结果，如图 2-3-95 所示。

数据标注技术

图 2-3-93　检查员任务分配

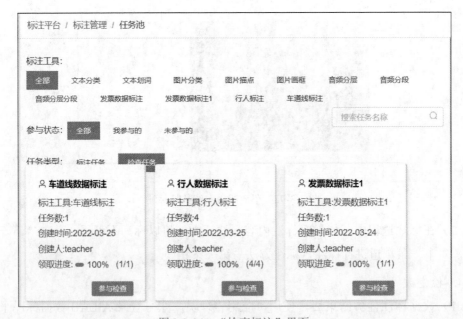

图 2-3-94　"检查标注"界面

5. 验收与导出

（1）使用"应用管理员"账号登录 AILAB 数据标注平台，在对应任务中可以进行归档、导出、继续添加、移除等操作，如图 2-3-96 所示。

（2）单击"归档"按钮后任务将不可更改。单击"导出"按钮，在"导出信息确认"对话框中选择导出结果类型和导出文件格式，如图 2-3-97 所示。

图 2-3-95 检查标注数据

图 2-3-96 "任务管理"界面

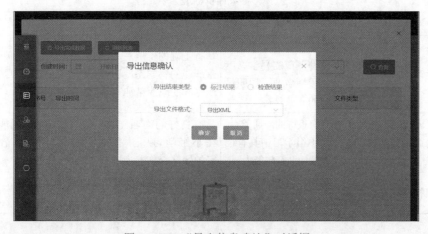

图 2-3-97 "导出信息确认"对话框

（3）单击"确定"按钮，系统将导出数据到本地，在导出记录中可以查看相应的记录，如图 2-3-98 所示。

图 2-3-98　导出数据

6. 实施评价表

任务编号	3-3		任务名称	道路图形数据标注	
评量项目			自我评价	质检评价	教师评价
实训过程评价	学习态度（20分）				
	沟通合作（10分）				
	回答问题（5分）				
实训效果评价	任务管理（20分）				
	数据标注（30分）				
	数据质检（15分）				
学生签字			质检签字	教师签字	年　月　日
参考评价标准					
项目		A	B		C
实训过程评价	学习态度（20分）	具有良好的价值观、缜密严谨的科学态度和爱岗敬业、履职尽职的职业精神	具有正确的价值观、缜密严谨的科学态度和履职尽职的职业精神		具有正确的价值观和爱岗敬业、履职尽职的职业精神
	沟通合作（10分）	具有很好的沟通能力，在小组学习中具有很强的团队合作能力	具有良好的沟通能力，在小组学习中具有良好的团队合作能力		具有较好的沟通能力，在小组学习中具有较好的团队合作能力
	回答问题（5分）	积极、踊跃地回答问题，且全部正确	比较积极踊跃地回答问题，且基本正确		能够回答问题，且基本正确

实训效果评价	任务管理（20分）	合格率98%以上	合格率95%～97%	合格率93%～94%
	数据标注（30分）	合格率98%以上	合格率95%～97%	合格率93%～94%
	数据质检（15分）	合格率98%以上	合格率95%～97%	合格率93%～94%

思考与练习

理论题

1. 什么是图形图像数据标注？
2. 图形图像数据标注有哪些应用领域？
3. 图形图像数据标注的基本流程有哪些？

实训题

1. 搭建数据标注平台，导入数据，进行发票数据标注。
2. 搭建数据标注平台，导入数据，进行人物图像数据标注。
3. 搭建数据标注平台，导入数据，进行道路图形数据标注。

项目 4
视频数据标注实训

项目导读

　　随着 AI 的发展壮大，数据标注逐渐变成一个新兴的职业。数据标注作为人工智能产业链中基础层的一部分，对 AI 的发展起着至关重要的作用，特别是视频数据标注。目前，视频数据标注还处于起步阶段，相对于图形图像、语音等数据标注来说还比较落后，不过随着无人驾驶、智慧交通和公共场合安防系统的不断发展，视频数据标注行业也在悄然发生变化，并将在未来呈现快速增长的趋势。

思政目标

★ 让学生养成遵守技能操作规程和认真负责、精心操作的工作习惯。

★ 培养学生的团队合作及沟通能力。

教学目标

★ 了解视频数据标注的发展现状及应用领域。

★ 掌握视频数据标注的基本规范、技术及流程。

思维导图

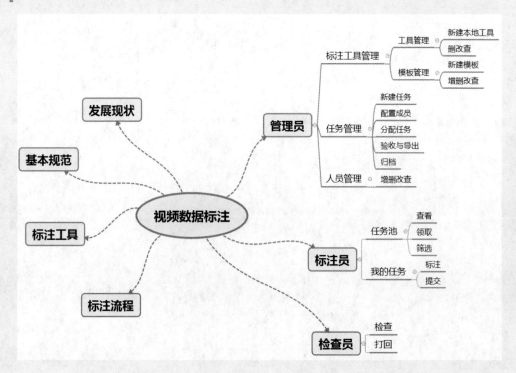

实施任务单

任务编号	项目 4	任务名称	视频数据标注
任务简介	使用 AILAB 数据标注平台创建数据标注工具,进行车辆数据标注、人体追踪数据标注和公共场合视频数据标注任务,并对标注的数据进行质检,最终提交任务		
设备环境	台式机或笔记本,建议 Windows 10 操作系统		
实施专业		实施班级	
实施地点		小组成员	
指导教师		联系方式	
任务难度		实施日期	
任务要求	1. 管理员 (1)创建车辆、人体追踪和公共场合视频数据标注模板并新增本地工具。 (2)新建标注任务并分配任务,最后对标注数据进行验收和导出。 2. 标注员 (1)在任务池中领取数据标注任务。 (2)完成对车辆、人体追踪和公共场合视频数据标注。 3. 检查员 (1)在任务池中领取数据检查任务。 (2)完成对车辆、人体追踪和公共场合视频标注数据的检查,打回不合格的标注数据。		

模块 1　视频数据标注概述

对一段视频进行剪辑并标注,同时利用视频信息单元中的帧来对视频剪辑的每个图像中的物体进行定位、描述和跟踪的过程称为视频数据标注。已经标注后的视频数据则被组合成训练数据集,用于训练机器学习和深度学习模型,多用于训练智慧交通、自动驾驶、人员跟踪和公共场合智慧安防系统等领域的模型,将这些预先训练的神经网络用于计算机视觉领域。

在对视频进行数据标注的过程中,将人工标注员和自动化标注工具有效地结合起来,用于标注剪辑视频素材中的目标对象,用一台带有 AI 支持的计算机对这些标注过的视频素材进行更深层次的处理,视频标签越准确,AI 模型表现就越好。

相对于图形图像数据标注,视频数据标注更复杂、难度更大,视频数据标注员在标注剪切视频对象时,一定要严格同步和追踪在各帧数据之间不断变换的对象。视频数据标注的目的是对视频中活动目标的位置、动作、形状、颜色等有关外部特征进行标注,从而提供大量文字数据供智能算法使用,间接实现对视频中的活动目标进行检测、识别、跟踪和行为分析。

4.1 视频数据标注发展现状

随着 AI 的兴起，国务院于 2017 年 7 月 8 日印发并实施《新一代人工智能发展规划》，提出了合理有效的战略目标，具体分三步走，其中涉及人工智能核心产业规模及带动相关产业规模产值如图 2-4-1 所示。随着 AI 的发展壮大，数据标注逐渐变成一个新兴的职业，数据标注作为人工智能产业链中基础层的一部分，对 AI 的发展起着至关重要的作用，特别是视频数据标注。目前，视频数据标注还处于起步阶段，相对于图形图像、语音等数据标注来说还比较落后，不过随着无人驾驶、智慧交通和公共场合安防系统的不断发展，视频数据标注行业也在悄然发生变化，并将在未来呈现快速增长的趋势。

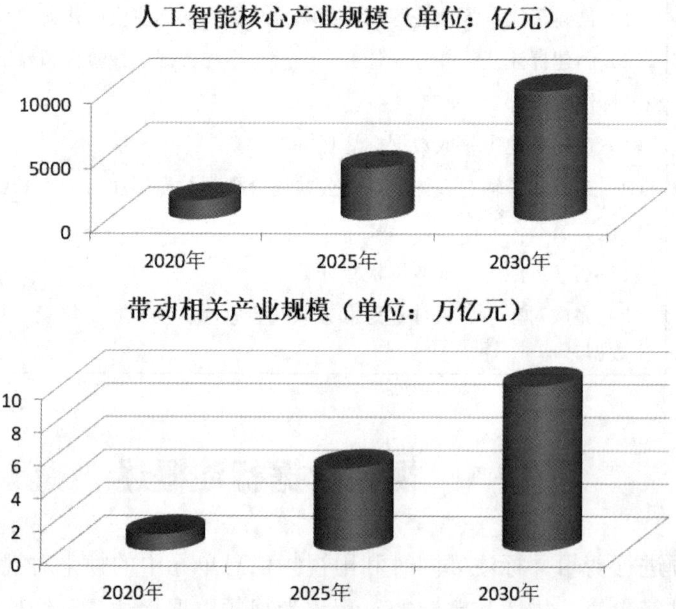

人工智能核心产业规模（单位：亿元）

带动相关产业规模（单位：万亿元）

图 2-4-1 人工智能核心产业规模及带动相关产业规模

随着视频数据标注行业的兴起，对专业视频数据标注员的需求逐渐增多，但是目前还没有任何一个教育机构在培养这方面的人才，基本上都是企业自身在培养。此外，在搜索引擎方面，文字、图片、语音搜索功能已相对完善，而视频搜索功能还处于摸索阶段，此阶段需要大量视频数据标注人员对视频信息进行标注、归纳和统计。

视频数据标注的意义有以下几个：

（1）视频数据标注是实现视频搜索功能的必然要求。互联网中的视频数据正在以惊人的速度增长，必须有新的检索方式来满足用户对视频的检索需求。而视频数据标注通过语义、内容等方式标注，则有利于视频数据搜索、管理和收藏。

（2）视频数据标注要求是视频数据自身特征决定的。丰富的视频数据包含海量信息，其内容更加丰富、直观和生动，这是其他媒体类型所无法比拟的。

（3）视频数据标注是视频数据应用场景日益增加的需求。与图像数据一样，视频数据也可以应用于互联网娱乐、智能家居、智能医疗、新零售、安防、自动驾驶等领域。而且图像数据是在一个时间点上的数据，而视频数据是在一段时间上连续的一系列图像数据的集合，表达的信息更加丰富，因此具有更广泛的应用场景。

4.2 视频数据标注基本规范

与人类用眼睛所看见的视频不同，计算机所见的视频图像只是一些数字，视频标注就是根据需求将视频分成一帧一帧的图像，再将这些数据划分区域，让计算机在划分出来的区域找寻数字的规律。

机器学习训练视频识别是先将视频分解成一帧一帧的图像，再根据像素点进行的，所以对视频数据标注的质量标准也像图像数据标注的质量标准一样也是根据像素点位判断，即标注像素点越接近于标注物的边缘像素点，标注的质量越高，标注难度也越大。因此对不同的视频数据标注类型需要有不同的标注规范。

1. 标框标注

在进行标注时，要保障标注框的四周边框与标注物最边缘像素点误差在 1 个像素以内，满足这个条件就是合格的标框标注图像。

2. 区域标注

区域标注时，对物体对象边缘进行标注的标注点与物体对象实际边缘像素点的误差在 1 个像素以内，满足这个条件就是合格的区域标注图像。

由于具体视频千变万化，标注难度也大不相同，总结标注经验有以下标注基本规则：

（1）图像类别标注，不能确定类别的，不可标注。

（2）标注对象非常小，应根据项目需求度量物体大小。

（3）标注物体被遮挡，低于 20% 的可见，且根据露出的部分不能确定类别的，不可标注。

（4）图像类别标注划分越细越好，因为代码将来合并类别是简单的，而数据标注完了后面再返工是麻烦的。

（5）标注对象太多太密集，需要根据算法需求进行标注，算法能识别多少就标注多少。

（6）标注规则要十分明确。

1）关键点要明确，比如关键点是汽车的车牌，后面标注就严格执行，绝不能随意标注。

2）类别标注中要细化，比如车，有巴士、小汽车、自行车、电瓶车等，因此要明确车的类别。

3）图像分割标注中，两个物体在一起，要明确标注位置，是物体的交集还是并集。

4）标注物体不同面的差距比较大，比如正面和背面相差特别大，标注规则要明确

是否分两个类别。

（7）标注要非常严格，比如人物画框标注，框的四边一定要紧贴人物边缘，绝对不会同样的人标的框忽大忽小。

（8）遮挡、残缺、模糊、光线阴暗等问题，这类问题要看具体项目需求，什么样的程度标注，什么样的程度不标注，要有明确的界限。

（9）尽量的严格，不能确定的标注，那张图片就丢弃不标。

4.3　视频数据标注工具

视频数据标注的方法有人工数据标注、自动数据标注和外包数据标注。人工数据标注的好处是标注结果比较可靠；自动数据标注一般都需要二次复核，避免程序错误；外包数据标注很多时候会面临数据泄密与流失风险。人工数据标注的标注工具可分为客户端标注工具和 Web 端标注工具。常用的视频数据标注有以下几种：

（1）DarkLabel：视频 / 图像对象标记和注释工具（带有 ID 和标签的边界框）。通过视觉跟踪（多目标）自动标记对象，用户可配置的数据格式有 PASCAL VOC、DARKET YOLO、xml/txt、任何其他用户定义的格式。

（2）Labelme：支持对象检测、图像语义分割数据标注；支持矩形、圆形、线段和点标注；支持视频标注；支持导出 VOC 与 COCO 格式数据实验分割。

（3）BasicFinder：可实现"图像""文本""音频""视频""点云"等全类型数据的标注。

（4）OpenCV/CVAT：支持图像分类、对象检测框、图像语义分割、实例分割数据在线标注工具；支持图像与视频数据标注；支持本地部署，无须担心数据外泄。

（5）VOTT：微软公司提供，支持图像与视频数据标注，支持导出 CNTK/PASCAL VOC 格式；支持导出 TFRecord、CSV、VOTT 格式；基于 Web 方式本地部署。

（6）LabelBox：支持对象检测框、实例分割数据标注；Web 方式的标注工具；提供自定义标注 API 支持；纯 JS+HTML 操作支持。

（7）VIA-VGG Image Annotator：VGG 发布的图像标注工具；支持对象检测、图像语义分割与实例分割数据标注；以可部署在本地的 Web 方式运行；特别之处是对人脸数据标注提供了各种方便的操作，是人脸标注首选工具。

（8）科大讯飞的 AILAB 平台：可进行文字、语音、图像和视频数据标注。

（9）精灵标注：作为一款国内开发的客户端标注工具，对于图片标注，仅支持多边形、折线、矩形框的标注，人脸识别等场景需要用到的点标注缺失。支持文本和视频的标注，导出格式支持 PASCAL VOC 和 XML 格式。

（10）Boobs：YOLO BBOX 标注工具，支持图像数据标注为 YOLO 格式；是可以本地部署的 Web 方式标注工具，无需服务器端支持。

4.4 视频数据标注流程

视频剪切及标注的质量直接关系到模型训练的好坏程度，因此视频数据标注需要建立一套标准的数据标注流程。任何一家成熟的数据标注平台都会提供完整的数据标注流程支持，可对视频类的数据进行标注，标注完成的结果可应用于深度学习平台进行模型训练。平台针对不同的角色分配不同的权限，有超级管理员、应用管理员、标注员和检查员等不同角色，可实现应用管理、标注工具管理、任务创建与分配、数据标注与检查和任务验收的完整流程，如图 2-4-2 所示。

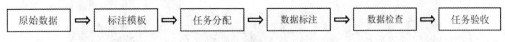

图 2-4-2 视频数据标注流程

1 视频原始数据

对视频数据进行标注前，需要将视频数据分割成一帧一帧的图片，将按帧分割好的视频数据按顺序打包好。

2. 视频数据标注模板

（1）为了规范及参考视频数据标注，需要管理员设计建立对应的视频数据标注模板，为后面的视频数据标注提供参考平台。在"标注模板"界面中会展示当前平台所有公有模板及当前管理员创建的私有模板信息，包括模板 ID、模板名称、模板类型、模板权限、创建时间、更新时间等信息，如图 2-4-3 所示。

图 2-4-3 "标注模板"界面

（2）单击"新建模板"按钮，填写对应的模板信息后跳转到新建模板功能界面。模板信息包括模板名称、权限类型（私有模板、公有模板）、模板分类（图片标注、音频标注、文本标注），如图 2-4-4 所示。

图 2-4-4　新建模板

（3）界面左侧是标注工具组件列表，分为数据容器、操作说明、操作组件三大类；其中数据容器的可选数据类型与新建模板时选择的模板分类相对应。用户新建模板时，从左侧组件列表中单击一个组件拖拽至中间画布，组件节点可在画布中自定义大小及位置。单击"删除"按钮可在画布中删除对应组件，单击"属性编辑"按钮可编辑该组件对应的属性，如图 2-4-5 所示。

图 2-4-5　模板修改

3. 任务分配

（1）应用管理员单击"分配"按钮进入"任务分配"界面，这时即可将标注或者检查子任务分配给标注员或检查员，如图 2-4-6 所示。

图 2-4-6 "任务分配"界面

（2）单击"分配"按钮，弹出"分配任务"对话框，输入每个标注员的分配数量，完成任务分配，如图 2-4-7 所示。

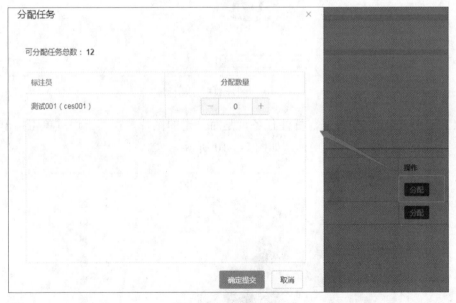

图 2-4-7 分配任务

4. 数据标注

标注员进入平台后，在任务列表中单击"参与标注"按钮进入标注界面，开始标注工作，如图 2-4-8 所示。

（1）图片分类：图片分类标注任务，是对给定的图片选出对应的一个或多个类别，例如图中的图片分类，是选择狗，还是选择猫，或者选择都不是，如图 2-4-9 所示。

图 2-4-8　AILAB 数据标注进入界面

图 2-4-9　图片数据分类标注

（2）图片描点：图片描点标注任务，是对给定的图片，在其上通过单击描出对应物体或区域，记录对应点的坐标，如图 2-4-10 所示。

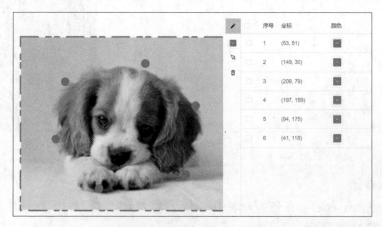

图 2-4-10　图片数据描点标注

（3）图片画框：图片画框标注任务，是在给定图片上使用矩形或多边形选框工具画出对应区域并标注对应的属性或内容，如图 2-4-11 所示。

图 2-4-11　图片数据画框标注

5. 数据检查

使用"检查员"账号登录 AI LAB 数据标注平台，在任务列表中单击"参与检查"按钮进入"检查标注"界面，开始检查任务。

6. 任务验收与导出

使用"应用管理员"账号登录 AI LAB 数据标注平台，可以进行归档、导出、继续添加、移除等相关操作。单击"归档"按钮数据标注任务将不可更改，单击"导出"按钮可选择导出数据类型和格式，将标注数据下载到本地指定的位置，完成最后的导出任务，如图 2-4-12 所示。

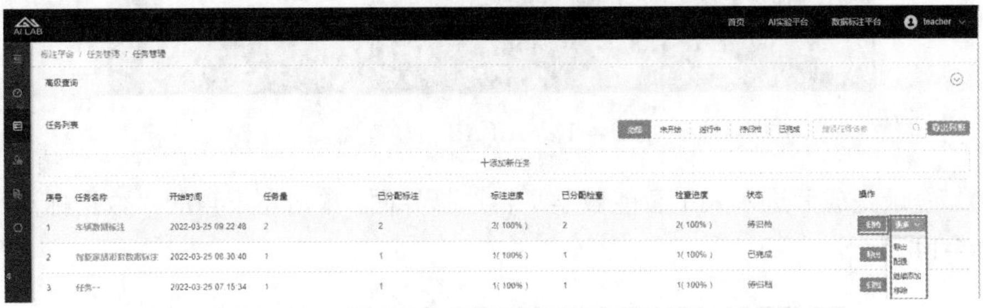

图 2-4-12　标注验收与导出

模块 2　视频数据标注实例

对比图形图像数据标注，视频数据标注要复杂得多，采用的处理方式有两种：拆帧处理和连续帧处理。它们各有优缺点，拆帧处理的缺点是效率相对低，但是准确率高、漏框率低，一般用于标注复杂场景；连续帧处理效率高，成本相对较低，但是准确率不如拆帧处理高，一般用于标注简单场景。

本书视频数据标注方式采用拆帧处理，利用科大讯飞 AILAB 人工智能实验平台实现视频数据标注，主要操作步骤有拆分视频（将视频分成一帧一帧的图片）、搭建数据

标注平台、新建数据标注任务、导入要标注的数据、对图片（视频拆分后的图片）进行数据标注、检查标注数据、验收与导出数据。

实例 1 操作视频

实例 1　车辆数据标注

1. 拆分视频

利用视频剪切工具将视频拆分成一帧一帧的图片，按顺序命名并保存到相应的文件夹中，作为图片标注使用。

2. 图像标注实验平台搭建

（1）登录 AILAB 人工智能实验平台，输入账户和密码，单击"登录"按钮，如图 2-4-13 所示。

图 2-4-13　AILAB 登录界面

（2）登录完成后进入人工智能教学平台选择界面，单击左下角的"数据标注平台"，如图 2-4-14 所示。

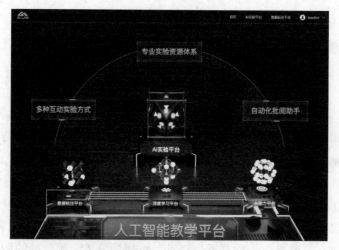

图 2-4-14　人工智能教学平台

156

（3）进入"数据标注平台"界面，单击"立即进入"按钮，如图 2-4-15 所示。

图 2-4-15　数据标注平台

（4）通过数据标注平台进入到标注应用界面，如图 2-4-16 所示。

图 2-4-16　进入标注应用界面

（5）单击界面左侧的"模板管理"按钮进入"模板管理"界面，在其中可以查看已经建好的工具名称，以及对应的工具类型、工具权限、创建时间、创建人和更新时间，同时还有复制、编辑和删除工具的功能，如图 2-4-17 所示。

（6）单击"新建模板"按钮，在弹出的"新建模板"对话框中输入模板名称、权限类型、模板分类，单击"保存"按钮，如图 2-4-18 所示。

图 2-4-17　数据标注模板管理

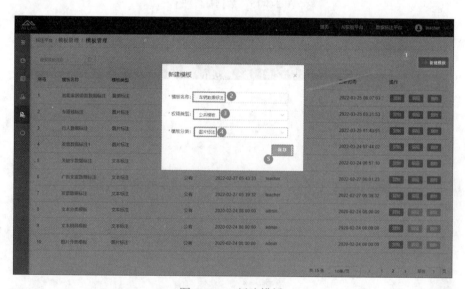

图 2-4-18　新建模板

（7）创建好的车辆数据标注，可以查看到它的工具类型、工具权限、创建时间、创始人和更新时间，如果需要修改创建好的"车辆数据标注"，可以在"模板管理"界面中单击"编辑"按钮，如图 2-4-19 所示。

图 2-4-19　车辆数据标注模板管理

（8）进入编辑界面可以看到，顶端有当前编辑的模板名称、权限类型、模板分类，以及标注结果预览、工具预览和保存；左侧任务窗格中有"数据容器"工具组、"操作说明"工具组、"操作组件"工具组，如图 2-4-20 所示，

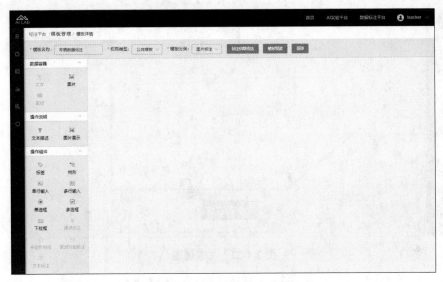

图 2-4-20　数据标注编辑界面

（9）选中"数据容器"工具组中的"图片"，按住鼠标左键拖动到空白处释放，如图 2-4-21 所示。

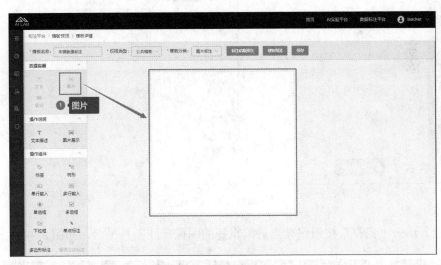

图 2-4-21　图片容器

（10）选择"操作说明"工具组中的"文本描述"，拖动到工作台的合适位置，调整其大小，单击文本描述工具按钮右上角的"属性设置"按钮，弹出"属性编辑"对话框，在其中设置文本内容、字体、字号、颜色等属性，如图 2-4-22 所示。

（11）在"操作组件"工具组中选中"多边形标注"，拖动到工作台的合适位置，调整其大小，单击多边形标注工具的"属性编辑"按钮，再单击"添加选项"按钮，分别添加车辆类型、车辆颜色、车辆品牌等属性信息，如图 2-4-23 所示。

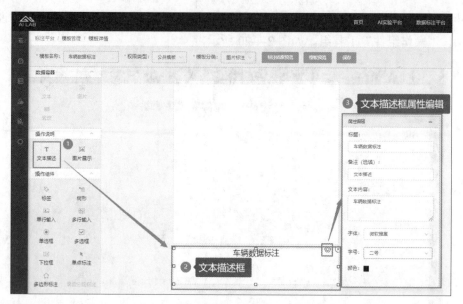

图 2-4-22　文本描述

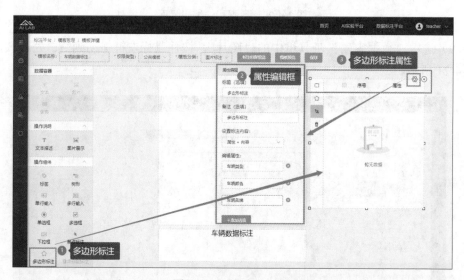

图 2-4-23　多边形标注

（12）单击"保存"按钮保存当前编辑好的图像标注工具平台，如图 2-4-24 所示。

图 2-4-24　车辆数据标注任务保存

（13）单击界面左侧的"工具管理"按钮进入"工具管理"界面，在其中可以查看已经建好的工具名称，以及对应的工具类型、工具权限、创建时间、创建人和工具描述，同时还有编辑和移除工具的功能，如图 2-4-25 所示。

图 2-4-25 工具管理

（14）单击"新增模板工具"按钮，编写好新增模板工具信息，选择模板为当前编辑好的车辆数据标注工具，如图 2-4-26 所示，单击"确定"按钮。

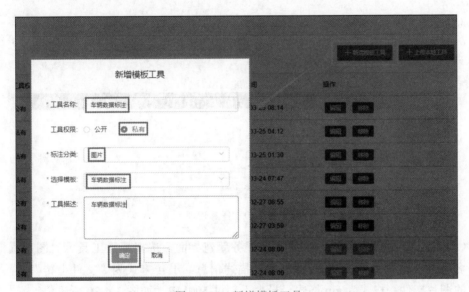

图 2-4-26 新增模板工具

（15）单击界面左侧的"应用首页"按钮打开"应用首页"界面，如图 2-4-27 所示。

图 2-4-27 应用首页

161

（16）单击"添加新标注工具"按钮，添加刚创建好的"车辆数据标注"工具，如图 2-4-28 所示，单击"确定"按钮。

图 2-4-28　添加新数据标注工具

3. 新建车辆数据实验，导入数据

（1）将鼠标移动到 AILAB 实验平台界面左侧，单击"任务管理"按钮进入"任务管理"界面，如图 2-4-29 所示。

图 2-4-29　任务管理

（2）单击"添加新任务"按钮进入任务新建界面，选择标注工具为"图片画框"，任务名称为"车辆数据标注"，编写数据描述信息，上传方式为"文件上传"，导入要标注的图片文件，格式为 zip 格式，最大不超过 500MB，如图 2-4-30 所示。

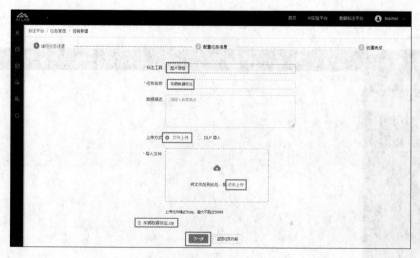

图 2-4-30　填写任务信息

（3）单击"下一步"按钮进入"配置任务信息"界面，填写配置任务的相关信息，如图 2-4-31 所示。

图 2-4-31　配置任务信息

（4）单击"完成任务创建"按钮，显示任务创建成功提示信息，如图 2-4-32 所示。

图 2-4-32　创建任务

（5）单击"开始分配"按钮，将标注任务分配给标注员；单击"导入成员"按钮，导入标注员信息，可以批量分配任务，也可以批量移出，如图 2-4-33 所示。

（6）标注员导入后，可以对其批量分配任务，也可以将其移出，如图 2-4-34 所示。

4. 车辆数据标注

（1）使用"标注员"账号登录 AILAB 数据标注平台，进入"任务池"界面，显示出刚刚建立的车辆数据标注任务，如图 2-4-35 所示。

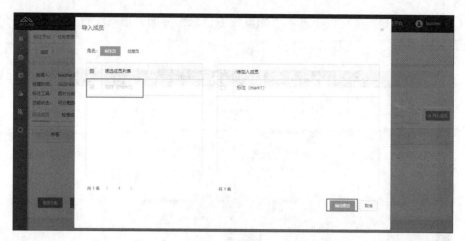

图 2-4-33　标注员导入

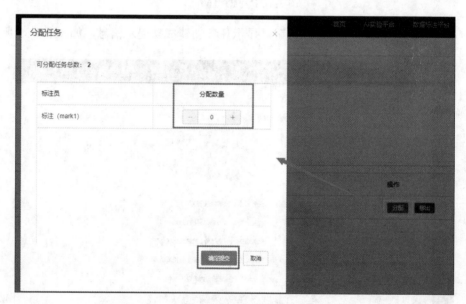

图 2-4-34　任务分配

图 2-4-35　"任务池"界面

（2）单击"参与标注"按钮进入车辆数据标注任务，选择"矩形标注"工具，对车辆整体画框,在图像标注工具中选择属性为"车辆类型",标注内容为"轿车",如图 2-4-36 所示。

图 2-4-36 车辆的类型

(3)选择"矩形标注"工具,对右侧车辆整体画框,在图像标注工具中选择属性为"车辆颜色",标注内容为"白色",如图 2-4-37 所示。

图 2-4-37 车辆颜色

(4)选择"矩形标注"工具,对右侧车辆的图标画框,在图像标注工具中选择属性为"车辆品牌",标注内容为"大众",如图 2-4-38 所示。

图 2-4-38 车辆品牌

（5）单击"下一条"按钮，对下一个车辆进行标注，标注方法与第一条相同，如图 2-4-39 所示。

图 2-4-39　下一个车辆标注

5. 检查标注数据

（1）数据标注任务结束后，使用"应用管理员"账号登录 AILAB 数据标注平台，选择"检查成员"，单击"导入成员"按钮，弹出"导入成员"对话框，选择"检查员"，单击"确定提交"按钮，如图 2-4-40 所示。

图 2-4-40　导入检查员

（2）在任务分配界面中，勾选需要分配任务的检查员，可以给该检查员分配任务，也可以将其移出任务栏，单击"分配"按钮，给对应检查员分配任务，如图 2-4-41 所示。

（3）使用"检查员"账号登录 AIALB 数据标注平台，在任务列表中单击"参与检查"按钮，开始检查任务，进入"检查标注"界面，如图 2-4-42 所示。

图 2-4-41　分配任务

图 2-4-42　"检查标注"界面

（4）检查时，可以查看标注员的标注结果，标注错误的数据需要单击"错误"按钮进行打回，原始数据有问题的可以单击"标为不可用"按钮，单击"上一条"和"下一条"按钮切换标注数据。检查完成后单击"提交"按钮提交检查结果，如图 2-4-43 所示。

图 2-4-43　检查标注数据

6. 验收与导出

（1）使用"应用管理员"账号登录 AILAB 数据标注平台，在对应任务中可以进行归档、导出、继续添加、移除等操作，如图 2-4-44 所示。

图 2-4-44　任务管理

（2）单击"归档"按钮后任务将不可更改。单击"导出"按钮，在弹出的对话框中选择导出数据类型和格式，系统将下载标注结果数据到本地，在导出记录中可以查看相应的记录。

7. 实施评价表

任务编号	4-1		任务名称	车辆数据标注	
评量项目			自我评价	质检评价	教师评价
实训过程评价	学习态度（20分）				
	沟通合作（10分）				
	回答问题（5分）				
实训效果评价	任务管理（20分）				
	数据标注（30分）				
	数据质检（15分）				
学生签字		质检签字		教师签字	年　月　日
参考评价标准					
项目		A	B		C
实训过程评价	学习态度（20分）	具有良好的价值观、缜密严谨的科学态度和爱岗敬业、履职尽职的职业精神	具有正确的价值观、缜密严谨的科学态度和履职尽职的职业精神		具有正确的价值观和爱岗敬业、履职尽职的职业精神
	沟通合作（10分）	具有很好的沟通能力，在小组学习中具有很强的团队合作能力	具有良好的沟通能力，在小组学习中具有良好的团队合作能力		具有较好的沟通能力，在小组学习中具有较好的团队合作能力
	回答问题（5分）	积极、踊跃地回答问题，且全部正确	比较积极踊跃地回答问题，且基本正确		能够回答问题，且基本正确
实训效果评价	任务管理（20分）	合格率98%以上	合格率95%～97%		合格率93%～94%
	数据标注（30分）	合格率98%以上	合格率95%～97%		合格率93%～94%
	数据质检（15分）	合格率98%以上	合格率95%～97%		合格率93%～94%

实例2 人体追踪数据标注

实例2 操作视频

1. 拆分视频

利用视频剪切工具将视频拆分成一帧一帧的图片，按顺序命名并保存到相应的文件夹中，作为图片标注使用。

2. 图像标注实验平台搭建

（1）登录 AILAB 人工智能实验平台，输入账户和密码，单击"登录"按钮，如图2-4-45 所示。

图 2-4-45　AILAB 登录界面

（2）登录完成后进入人工智能教学平台选择界面，单击左下角的"数据标注平台"，如图 2-4-46 所示。

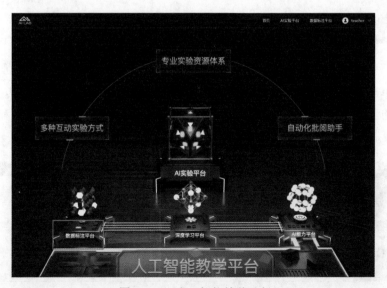

图 2-4-46　人工智能教学平台

（3）进入"数据标注平台"界面，单击"立即进入"按钮，如图2-4-47所示。

图2-4-47　数据标注平台

（4）通过数据标注平台进入到标注应用界面，如图2-4-48所示。

图2-4-48　进入标注应用界面

（5）单击界面左侧的"模板管理"按钮进入"模板管理"界面，在其中可以查看已经建好的工具名称，以及对应的工具类型、工具权限、创建时间、创建人和更新时间，同时还有复制、编辑和删除工具的功能，如图2-4-49所示。

图2-4-49　数据标注模板管理

（6）单击"新建模板"按钮，在弹出的"新建模板"对话框中输入模板名称、权限类型、模板分类，单击"保存"按钮，如图 2-4-50 所示。

图 2-4-50　新建模板

（7）创建好的人体追踪数据标注，可以查看到它的工具类型、工具权限、创建时间、创始人和更新时间，如果需要修改创建好的"人体追踪数据标注"，可以在标注工具管理界面中单击"编辑"按钮，如图 2-4-51 所示。

图 2-4-51　人体追踪数据标注

（8）进入编辑界面可以看到，顶端有当前编辑的工具名称、权限类型、工具分类，以及标注结果预览、工具预览和保存；左侧的任务窗格中有"数据容器"工具组、"操作说明"工具组、"操作组件"工具组，如图 2-4-52 所示。

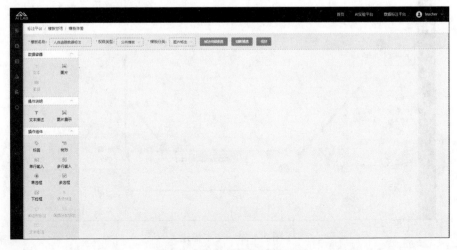

图 2-4-52　数据标注编辑界面

（9）选择"数据容器"工具组中的"图片"，按住鼠标左键拖动到空白处释放，如图 2-4-53 所示。

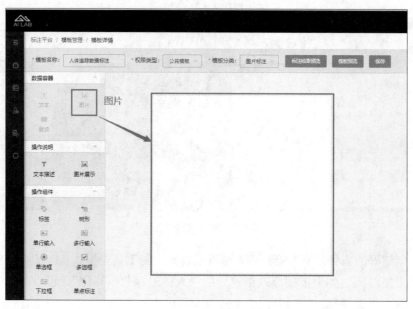

图 2-4-53　图片容器

（10）选择"操作说明"工具组中的"文本描述"，拖动到工作台的合适位置，调整其大小，单击文本描述工具按钮右上角的"属性设置"按钮，弹出"属性编辑"对话框，在其中设置文本内容、字体、字号、颜色等属性，如图 2-4-54 所示。

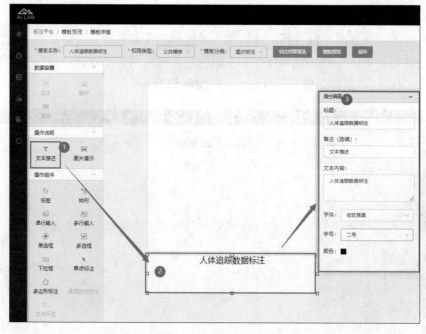

图 2-4-54　文本描述

（11）在"操作组件"工具组中选择"多边形标注"，拖动到工作台的合适位置，调整其大小，单击多边形标注工具的"属性编辑"按钮，再单击"添加选项"按钮，分别添加性别、人体朝向等属性信息，如图 2-4-55 所示。

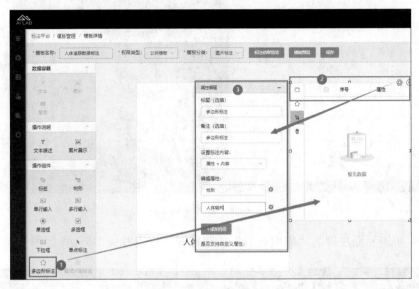

图 2-4-55 多边形标注

（12）单击"保存"按钮保存当前编辑好的图像标注工具平台，如图 2-4-56 所示。

图 2-4-56 人体追踪数据标注任务保存

（13）单击界面左侧的"工具管理"按钮进入"工具管理"界面，在其中可以查看已经建好的工具名称，以及对应的工具类型、工具权限、创建时间、创建人和工具描述，同时还有编辑和移除工具的功能，如图 2-4-57 所示。

图 2-4-57 工具管理

（14）单击"新增模板工具"按钮，编写好新增模板工具信息，选择模板为当前编辑好的人体追踪数据标注工具，如图 2-4-58 所示，单击"确定"按钮。

图 2-4-58　新增模板工具

（15）单击界面左侧的"应用首页"按钮打开"应用首页"界面，如图 2-4-59 所示。

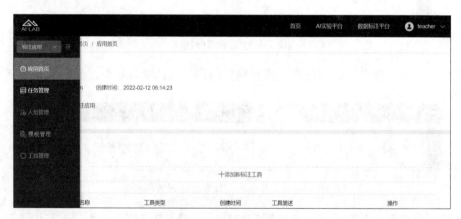

图 2-4-59　应用首页

（16）单击"添加新标注工具"按钮，添加刚创建好的"人体追踪数据标注"工具，如图 2-4-60 所示，单击"确定"按钮。

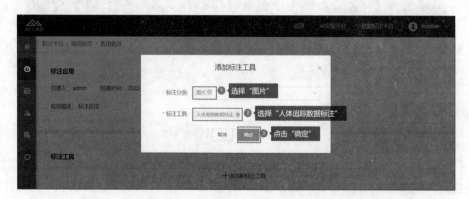

图 2-4-60　添加新数据标注工具

3. 新建人体追踪数据实验，导入数据

（1）将鼠标移动到 AILAB 实验平台界面左侧，单击"任务管理"按钮进入"任务管理"界面，如图 2-4-61 所示。

图 2-4-61　任务管理

（2）单击"添加新任务"按钮进入"任务新建"界面，选择标注工具为"图片画框"，任务名称为"人体追踪数据标注"，编写数据描述信息，上传方式为"文件上传"，导入要标注的图片文件，格式为 zip 格式，最大不超过 500MB，如图 2-4-62 所示。

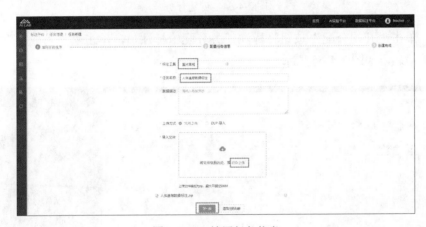

图 2-4-62　填写任务信息

（3）单击"下一步"按钮进入"配置任务信息"界面，填写配置任务的相关信息，如图 2-4-63 所示。

图 2-4-63　配置任务信息

（4）单击"完成任务创建"按钮，显示任务创建成功提示信息，如图 2-4-64 所示。

图 2-4-64　创建任务

（5）单击"开始分配"按钮将标注任务分配给标注员，单击"导入成员"按钮导入标注员信息，如图 2-4-65 所示。

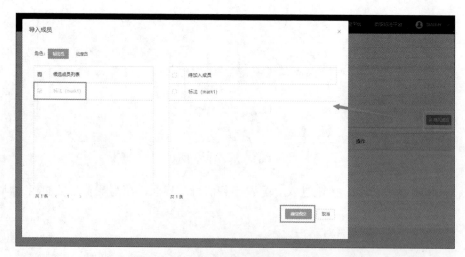

图 2-4-65　标注员导入

（6）标注员导入后，可以对其批量分配任务，也可以将其移出，如图 2-4-66 所示。

4. 人体追踪数据标注

（1）使用"标注员"账号登录 AILAB 数据标注平台，进入"任务池"界面，显示出刚刚建立的人体追踪数据标注任务，如图 2-4-67 所示。

（2）单击"参与标注"按钮进入人体追踪数据标注任务，选择"矩形标注"工具，对人的面部整体画框，在图像标注工具中选择属性为"自定义"，自定义属性为"性别"，标注内容为"女"，如图 2-4-68 所示。

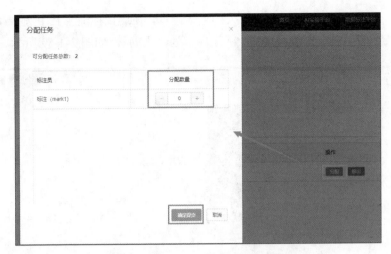

图 2-4-66 任务分配

图 2-4-67 "任务池"界面

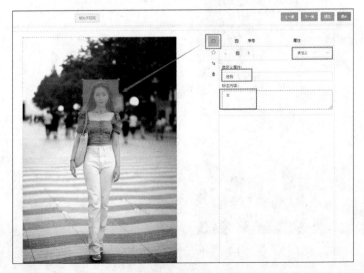

图 2-4-68 性别

（3）选择"矩形标注"工具，对人的整体画框，在图像标注工具中选择属性为"自定义"，自定义属性为"人体朝向"，标注内容为"正向"，如图 2-4-69 所示。

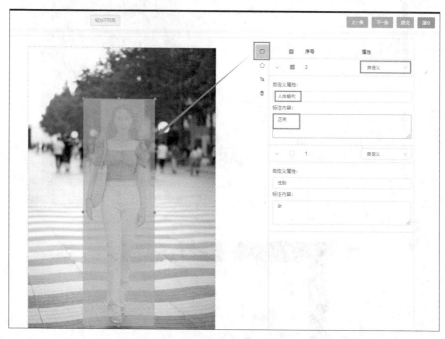

图 2-4-69　视频人物人体朝向

（4）单击"下一条"按钮，对下一个图像进行标注，标注方法与第一条相同，如图 2-4-70 所示。

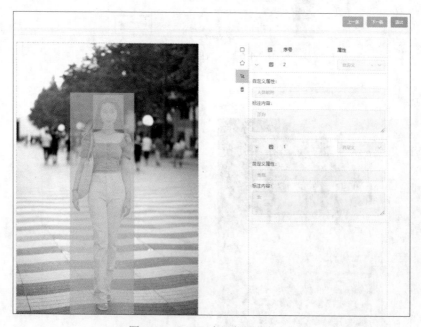

图 2-4-70　下一个视频图像标注

5. 检查标注数据

（1）数据标注任务结束后，使用"应用管理员"账号登录 AILAB 数据标注平台，选择"检查成员"，如图 2-4-71 所示。

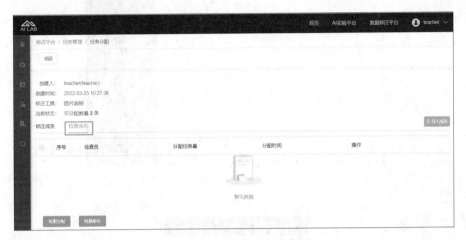

图 2-4-71 "检查成员"界面

（2）单击"成员导入"按钮，弹出"导入成员"对话框，选择检查员，单击"确定提交"按钮，如图 2-4-72 所示。

图 2-4-72 导入检查员

（3）在"任务分配"界面中，勾选需要分配任务的检查员，可以给该检查员分配任务，也可以将其移出任务栏，单击"分配"按钮，给对应检查员分配任务，如图 2-4-73 所示。

（4）使用"检查员"账号登录 AIALB 数据标注平台，在任务列表中单击"参与检查"按钮，开始检查任务，进入"检查标注"界面，如图 2-4-74 所示。

（5）检查时，可以查看标注员的标注结果，标注错误的数据需要单击"错误"按钮进行打回，原始数据有问题的可以单击"标为不可用"按钮，单击"上一条"和"下一条"按钮切换标注数据。检查完成后单击"提交"按钮提交检查结果，如图 2-4-75 所示。

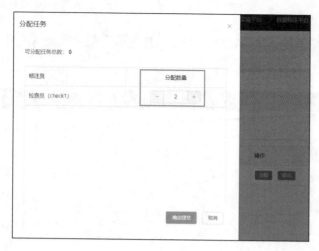

图 2-4-73 分配任务

图 2-4-74 "检查标注"界面

图 2-4-75 检查标注数据

6. 验收与导出

（1）使用"应用管理员"账号登录 AILAB 数据标注平台，在对应任务中可以进行归档、导出、继续添加、移除等操作，如图 2-4-76 所示。

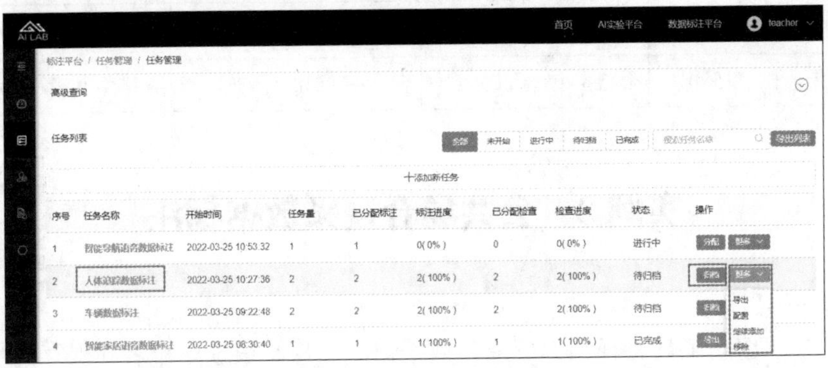

图 2-4-76 任务管理

（2）单击"归档"按钮后任务将不可更改。单击"导出"按钮，在弹出的对话框中选择导出数据类型和格式，系统将下载标注结果数据到本地，在导出记录中可以查看相应的记录。

7. 实施评价表

任务编号	4-2		任务名称	人体追踪数据标注	
	评量项目		自我评价	质检评价	教师评价
实训过程评价	学习态度（20分）				
	沟通合作（10分）				
	回答问题（5分）				
实训效果评价	任务管理（20分）				
	数据标注（30分）				
	数据质检（15分）				
学生签字		质检签字		教师签字	年 月 日
参考评价标准					
	项目	A	B		C
实训过程评价	学习态度（20分）	具有良好的价值观、缜密严谨的科学态度和爱岗敬业、履职尽职的职业精神	具有正确的价值观、缜密严谨的科学态度和履职尽职的职业精神		具有正确的价值观和爱岗敬业、履职尽职的职业精神
	沟通合作（10分）	具有很好的沟通能力，在小组学习中具有很强的团队合作能力	具有良好的沟通能力，在小组学习中具有良好的团队合作能力		具有较好的沟通能力，在小组学习中具有较好的团队合作能力
	回答问题（5分）	积极、踊跃地回答问题，且全部正确	比较积极踊跃地回答问题，且基本正确		能够回答问题，且基本正确

实训效果评价	任务管理（20分）	合格率98%以上	合格率95%～97%	合格率93%～94%
	数据标注（30分）	合格率98%以上	合格率95%～97%	合格率93%～94%
	数据质检（15分）	合格率98%以上	合格率95%～97%	合格率93%～94%

实例3　公共场合视频数据标注

实例3操作视频

1. 拆分视频

利用视频剪切工具将视频拆分成一帧一帧的图片，按顺序命名并保存到相应的文件夹中，作为图片标注使用。

2. 图像标注实验平台搭建

（1）登录 AILAB 人工智能实验平台，输入账户和密码，单击"登录"按钮，如图2-4-77 所示。

图 2-4-77　AILAB 登录界面

（2）登录完成后进入人工智能教学平台选择界面，单击左下角的"数据标注平台"，如图 2-4-78 所示。

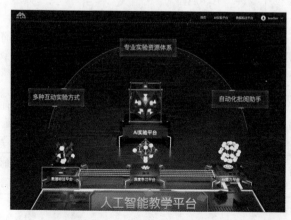

图 2-4-78　人工智能教学平台

（3）进入"数据标注平台"界面，单击"立即进入"按钮，如图 2-4-79 所示。

图 2-4-79　数据标注平台

（4）通过数据标注平台进入到标注应用界面，如图 2-4-80 所示。

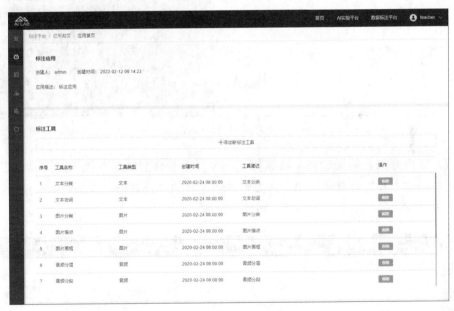

图 2-4-80　进入标注应用界面

（5）单击界面左侧的"模板管理"按钮进入"模板管理"界面，在其中可以查看已经建好的工具名称，以及对应的工具类型、工具权限、创建时间、创建人和更新时间，同时还有复制、编辑和删除工具的功能，如图 2-4-81 所示。

（6）单击"新建模板"按钮，在弹出"新建模板"对话框中输入模板名称、权限类型、模板分类，单击"保存"按钮，如图 2-4-82 所示。

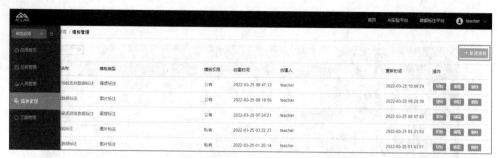

图 2-4-81　数据标注模板管理

图 2-4-82　新建模板

（7）创建好的公共场合视频数据标注，可以查看到它的工具类型、工具权限、创建时间、创始人和更新时间，如果需要修改创建好的"公共场合视频数据标注"，可以在标注工具管理界面中单击"编辑"按钮，如图 2-4-83 所示。

图 2-4-83　公共场合视频数据标注

（8）进入编辑画面可以看到，顶端有当前编辑的工具名称、权限类型、工具分类，以及标注结果预览、工具预览和保存；左侧的任务窗格中有"数据容器"工具组、"操作说明"工具组、"操作组件"工具组，如图 2-4-84 所示。

图 2-4-84　数据标注编辑界面

（9）选中"数据容器"工具组中的"图片"，按住鼠标左键拖动到空白处释放，如图 2-4-85 所示。

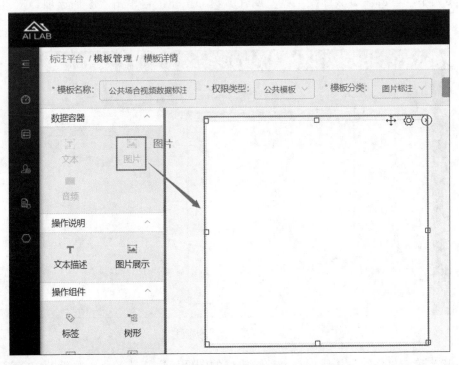

图 2-4-85　图片容器

（10）选择"操作说明"工具组中的"文本描述"，拖动到工作台的合适位置，调整其大小，单击文本描述工具按钮右上角的"属性设置"按钮,弹出"属性编辑"对话框，在其中设置文本内容、字体、字号、颜色等属性，如图 2-4-86 所示。

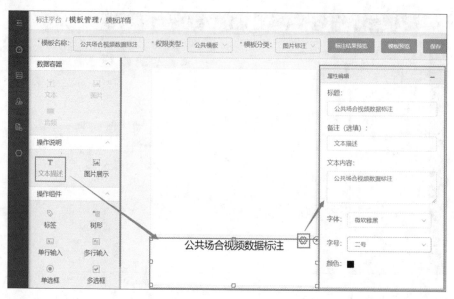

图 2-4-86　文本描述

（11）在"操作组件"工具组中选中"多边形标注"，拖动到工作台的合适位置，调整其大小，单击多边形标注工具"属性编辑"按钮，再单击"添加选项"按钮，分别添加类别、状态、外观等属性信息，如图 2-4-87 所示。

图 2-4-87　多边形标注

（12）单击"保存"按钮保存当前编辑好的图像标注工具平台，如图 2-4-88 所示。

图 2-4-88　人体追踪数据标注任务保存

（13）单击界面左侧的"工具管理"按钮进入"工具管理"界面，在其中可以查看已经建好的工具名称，以及对应的工具类型、工具权限、创建时间、创建人和工具描述，同时还有编辑和移除工具的功能，如图 2-4-89 所示。

图 2-4-89　工具管理

（14）单击"新增模板工具"按钮，编写好新增模板工具信息，选择模板为当前编辑好的公共场合视频数据标注工具，如图 2-4-90 所示，单击"确定"按钮。

图 2-4-90　新增模板工具

（15）单击界面左侧的"应用首页"按钮打开"应用首页"界面，如图 2-4-91 所示。

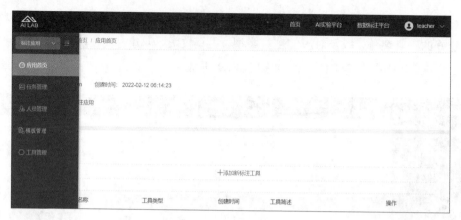

图 2-4-91　应用首页

（16）单击"添加新标注工具"按钮，添加刚创建好的"公共场合视频数据标注"工具，如图 2-4-92 所示，单击"确定"按钮。

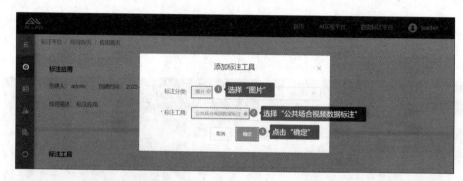

图 2-4-92　添加新数据标注工具

3. 新建公共场合数据实验，导入数据

（1）将鼠标移动到 AILAB 实验平台界面左侧，单击"任务管理"按钮进入"任务管理"界面，如图 2-4-93 所示。

图 2-4-93　任务管理

（2）单击"添加新任务"按钮进入"任务新建"界面，选择标注工具为"图片画框"，任务名称为"公共场合视频数据标注"，编写数据描述信息，上传方式为"文件上传"，导入要标注的图片文件，格式为 zip 格式，最大不超过 500MB，如图 2-4-94 所示。

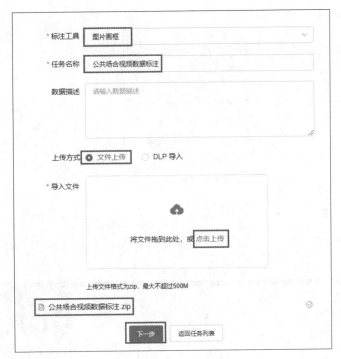

图 2-4-94 填写任务信息

（3）单击"下一步"按钮进入"配置任务信息"界面，填写配置任务的相关信息，如图 2-4-95 所示。

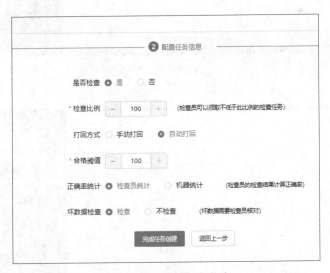

图 2-4-95 配置任务信息

（4）单击"完成任务创建"按钮，显示任务创建成功提示信息，如图 2-4-96 所示。

（5）单击"开始分配"按钮将标注任务分配给标注员，单击"导入成员"按钮导入标注员信息，如图 2-4-97 所示。

（6）标注员导入后，可以对其批量分配任务，也可以将其移出，如图 2-4-98 所示。

图 2-4-96　创建任务

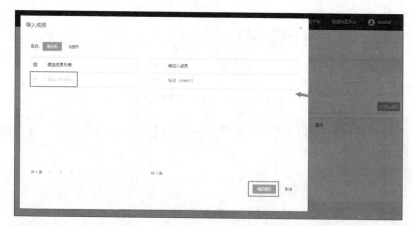

图 2-4-97　标注员导入

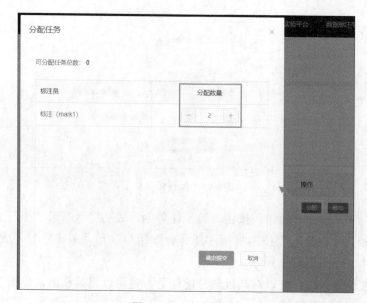

图 2-4-98　任务分配

4. 人体追踪数据标注

（1）使用"标注员"账号登录 AILAB 数据标注平台，进入"任务池"界面，显示出刚刚建立的公共场合视频数据标注任务，如图 2-4-99 所示。

图 2-4-99 "任务池"界面

（2）单击"参与标注"按钮进入公共场合视频数据标注任务，选择"矩形标注"工具，对公共场合视频中的物体画框，在图像标注工具中选择属性为"自定义"，自定义属性为"类别"，标注内容为"汽车"，如图 2-4-100 所示。

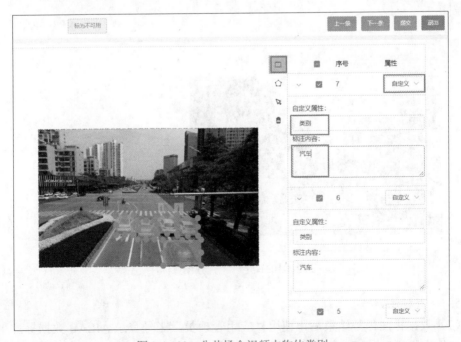

图 2-4-100 公共场合视频中物体类别

（3）选择"矩形标注"工具，对公共场合视频中的物体画框，在图像标注工具中选择属性为"自定义"，自定义属性为"状态"，标注内容为"静止"，如图 2-4-101 所示。

图 2-4-101　公共场合视频中物体状态

（4）单击"下一条"按钮，对下一个图像进行标注，标注方法与第一条相同，如图 2-4-102 所示。

图 2-4-102　下一个视频图像标注

5. 检查标注数据

（1）数据标注任务结束后，使用"应用管理员"账号登录 AILAB 数据标注平台，选择"检查成员"，如图 2-4-103 所示。

图 2-4-103　"检查成员"界面

（2）进入"检查成员"界面后单击"成员导入"按钮，弹出"导入成员"对话框，选择"检查员"，单击"确定提交"按钮，如图 2-4-104 所示。

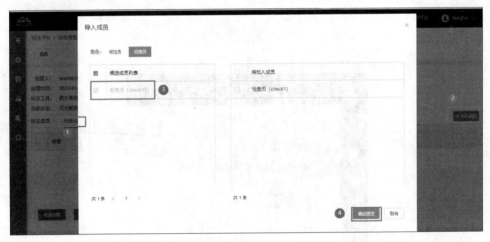

图 2-4-104　导入检查员

（3）在"任务分配"界面中，勾选需要分配任务的检查员，可以给该检查员分配任务，也可以将其移出任务栏，单击"分配"按钮，给对应检查员分配任务，如图 2-4-105 所示。

（4）使用"检查员"账号登录 AIALB 数据标注平台，在任务列表中单击"参与检查"按钮，开始检查任务，进入"检查标注"界面，如图 2-4-106 所示。

（5）检查时，可以查看标注员的标注结果，标注错误的数据需要单击"错误"按钮进行打回，原始数据有问题的可以单击"标为不可用"按钮，单击"上一条"和"下一条"按钮切换标注数据。检查完成后单击"提交"按钮提交检查结果，如图 2-4-107 所示。

图 2-4-105　分配任务

图 2-4-106　"检查标注"界面

6. 验收与导出

（1）使用"应用管理员"账号登录 AILAB 数据标注平台，在对应任务中可以进行归档、导出、继续添加、移除等操作，如图 2-4-108 所示。

图 2-4-107 检查标注数据

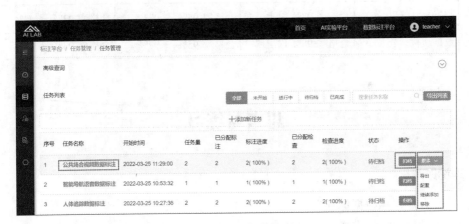

图 2-4-108 任务管理

（2）单击"归档"按钮后任务将不可更改。单击"导出"按钮，在弹出的对话框中选择导出数据类型和格式，系统将下载标注结果数据到本地，在导出记录中可以查看相应的记录。

7. 实施评价表

任务编号	4-3	任务名称	公共场合视频数据标注		
	评量项目	自我评价	质检评价	教师评价	
实训过程评价	学习态度（20分）				
	沟通合作（10分）				
	回答问题（5分）				

实训效果评价	任务管理（20分）			
	数据标注（30分）			
	数据质检（15分）			
学生签字		质检签字	教师签字	年　月　日
参考评价标准				

项目		A	B	C
实训过程评价	学习态度（20分）	具有良好的价值观、缜密严谨的科学态度和爱岗敬业、履职尽职的职业精神	具有正确的价值观、缜密严谨的科学态度和履职尽职的职业精神	具有正确的价值观和爱岗敬业、履职尽职的职业精神
	沟通合作（10分）	具有很好的沟通能力，在小组学习中具有很强的团队合作能力	具有良好的沟通能力，在小组学习中具有良好的团队合作能力	具有较好的沟通能力，在小组学习中具有较好的团队合作能力
	回答问题（5分）	积极、踊跃地回答问题，且全部正确	比较积极踊跃地回答问题，且基本正确	能够回答问题，且基本正确
实训效果评价	任务管理（20分）	合格率98%以上	合格率95%～97%	合格率93%～94%
	数据标注（30分）	合格率98%以上	合格率95%～97%	合格率93%～94%
	数据质检（15分）	合格率98%以上	合格率95%～97%	合格率93%～94%

思考与练习

理论题

1．什么是视频数据标注？
2．视频数据标注有哪些应用领域？
3．视频数据标注的基本流程有哪些？

实训题

1．搭建数据标注平台，导入数据，进行车辆数据标注。
2．搭建数据标注平台，导入数据，进行人体追踪数据标注。
3．搭建数据标注平台，导入数据，进行公共场合视频数据标注。

参考文献

[1] 刘鹏，张燕. 数据标注工程 [M]. 北京：清华大学出版社，2019.

[2] Wuyang Zhang, Sugang Li, Luyang Liu, Zhenhua Jia, Yanyong Zhang, Dipankar Raychaudhuri.Hetero-Edge: Orchestration of Real-time Vision Applications on Heterogeneous Edge Clouds. Proceedings of IEEE Infocom 2019.

[3] Zhenhua Jia, Xinmeng Lyu, Wuyang Zhang, Richard P Martin, Richard E Howard, Yanyong Zhang.Continuous Low-Power Ammonia Monitoring Using Long Short-Term Memory Neural Networks. Proceedings of ACM Sensys, 224-236, 2018.

[4] 刘欣亮，韩新明，刘吉. 数据标注实用教程 [M]. 北京：电子工业出版社，2020.

[5] 蔡莉，王淑婷，刘俊晖，等. 数据标注研究综述 [J]. 软件学报，2020, 31（2）：302-320.

[6] 行业分享：文本数据标注的整体流程、类型与应用场景. https://baijiahao.baidu. com/s?id=1719175315367846297&wfr=spider&for=pc.

[7] 人工智能数据服务之数据标注（一）：文本标注. https://zhuanlan.zhihu.com/p/34959177.

[8] 做文本标注必须了解的知识点. https://zhuanlan.zhihu.com/p/115209424.

[9] 从人工智能的应用看数据标注的作用. https://view.inews.qq.com/a/20210122A035JF00.

[10] 语音数据标注规范. https://max.book118.com/html/2017/0822/129434902.shtm.

[11] https://blog.csdn.net/wc781708249/article/details/79595174.

[12] https://www.sohu.com/a/325816394_100007727.

[13] https://zhuanlan.zhihu.com/p/434256328.

[14] https://blog.csdn.net/clearsky767/article/details/108257820.

[15] https://baijiahao.baidu.com/s?id=1719718283416538286&wfr=spider&for=pc.

[16] https://wenku.baidu.com/view/c8a3763d8beb172ded630b1c59eef8c75ebf95d5.html.

[17] https://jingyan.baidu.com/article/495ba84149c19378b30edef2.html.

读书笔记